农业生产与气象

朱振全　编著

金盾出版社

内 容 提 要

《农业生产与气象》介绍农业生产最基本的十大要素“土、肥、水、种、密、保、管、工、光、气”与气象的关系。这些要素曾被确定为“农业八(十)字宪法”。气象作为农作物(生物)与自然协调统一的一方,在本书中得到充分体现,讲了道理,介绍了其在“土、肥、水、种、密、保、管、工”每一要素中的作用和应用,特别是在防灾减灾中的作用和应用。全书共分11章(含“绪论”),内容有据,深入浅出,实用性强,可供广大农民、农业工作者、农业经营者、气象工作者和农业气象工作者等广大读者阅读参考。

图书在版编目(CIP)数据

农业生产与气象/朱振全编著. -- 北京:金盾出版社,2010. 12
ISBN 978-7-5082-6627-5

Ⅰ. ①农… Ⅱ. ①朱… Ⅲ. ①农业气象 Ⅳ. ①S16

中国版本图书馆CIP数据核字(2010)第178750号

金盾出版社出版、总发行

北京太平路5号(地铁万寿路站往南)
邮政编码:100036 电话:68214039 83219215
传真:68276683 网址:www.jdcbs.cn
封面印刷:北京金盾印刷厂
正文印刷:北京万博诚印刷有限公司
装订:北京万博诚印刷有限公司
各地新华书店经销

开本:850×1168 1/32 印张:7 字数:168千字
2010年12月第1版第1次印刷
印数:1～8 000册 定价:12.00元

前　言

广大农民群众和农学家们在农业生产实践中认识到，搞农业离不开“土、肥、水、种、密、保、管、工”八大要素，所以被毛泽东主席称之为“农业八字宪法”。后来农业八字宪法又加“光、气”二字，成为“农业十大要素”，足见气象对于农业之重要。

农业十大要素每个方面都与气象息息相关。最近中央领导指出，我国农业目前尚属“气候（气象）型农业”，农业是最重要的基础产业，又是社会效益高而自身效益较低的弱势产业，故而指出，要保护和发展农业，“一是自然，一是市场”。气象在农业中的应用确实能生一本万利之效，确能防灾减灾。所以，更有必要从气象角度介绍“农业十大要素”，这对于发展农业是大有裨益的。笔者本着对读者负责的精神，力求明白、有用，写出新意，不落俗套。

本书内容包括：绪论　协调有益生物与自然和谐统一；主要部分分别介绍“土、肥、水、种、密、保、管、工、光、气”各要素与气象的关系和应用。全书共 11 章（含“绪论”），共 17 万多字。

书中内容系笔者多年从事气象和农业气象工作以及气象新闻工作的积累，并参考了有关书籍。由于笔者水平所限，加之时间短促，难免疏漏，不当之处，欢迎读者批评指正。

2010 年 5 月于北京

目　录

绪论　协调有益生物与自然和谐统一

农业生产实际是人类为了生存和发展而进行的活动，协调对人类有益的植物、动物、生物与大自然达成和谐统一，以均衡、持续地获取优质的尽量多的生物量。气象是在被协调的双方中与植物、动物、生物相对应的另一方，所以气象对于农业生产既是生产过程和产量形成不可或缺的要素，又是抗灾、保护农业的重要方面。

我国是农业大国，党中央、国务院一直十分重视农业。2008 年提出农业改革要解决好农业、农村和农民问题。气象与农业密切相关，毛泽东主席和农业专家们把农业生产最基本的八个要素土、肥、水、种、密、保、管、工确定为“农业八字宪法”。1964 年，毛泽东主席找竺可桢、李四光、钱学森三位科学家到中南海谈话时又说：农业八字宪法，要加“光”与“气”二字。气象成为农业生产要素十中之二，事实上每一要素都与气象密切相关，气象在其中发挥了重要作用，而且气象的作用可发挥得更好。

第一节　气象是农业系统工程的组成部分

一、气象服务，农为重点

农业是国民经济的基础，农业与气象关系密切。天气气候条件往往是农业生产的限制因子，是农业生产的必要条件和充分条件。我国气象工作的方针从 1958 年开始明确提出“以农业服务为重点”，此后 50 多年来气象为农业服务做了很多工作。

(一)为农业发展绘蓝图　合理开发农业气候资源，为农业优质高产高效和各地优势农业发展提供依据，为作物的合理布局和优化农业结构及进行农业规划服务。在20世纪60年代和70年代农业气候区划和农业气候资源考查的基础上，国家气象局按照国家统一部署，组织进行了国家、省和县三级农业气候资源调查和农业气候区划研究工作，80年代中后期提交了农业气候图集、资料集以及开发利用对策等大批成果，1988年获国家科技进步一等奖。我国农业气候区划对国家农业发展方向等重大问题所提建设性观点、论据和建议，后来已被国家农业规划部门、国家计划委员会、国土局等编制农业发展战略和重点地区问题、种植制度和农作物合理布局问题、旱地农业水分问题、农牧业过渡带存在的沙漠化问题、牧区发展季节性畜牧问题、开发利用气象能源问题等所采纳和参考。该系列成果还被地理、图书、教学等方面采用，并受到国际关注。

1983—1987年对亚热带东部山区和西部山区进行了农业气候资源调查和开发利用研究。通过对15个省(自治区)内的17个山系的调查，基本摸清了亚热带丘陵山区气候资源的立体层次性，提出发挥气候优势、因地制宜建立商品生产基地的开发原则。此外，对国家计划开发的黄淮海地区、三江平原等商品粮基地，气象部门进行了专项服务。

(二)试验、示范、推广农业气象适用技术，促进农业高产、优质、高效　为了适应农业综合发展的新形势新要求，气象服务在加强农业气象预报、情报等信息的同时大力进行农业气象适用技术的开发工作。例如，许多地区进行的各种抗旱适用技术、气象种子包衣、沟植垄盖、优化灌溉、地膜技术以及高效经济作物引进技术、反季节蔬菜农业气象适用技术等。气象工作者利用各种农业气象适用技术为各地的农业综合开发，为农业丰收计划、星火计划的实现，为经济型农业、创汇农业、生态农业的发展等做了不可替代的工作，发挥了重要作用。

(三)积极开展气象科技扶贫工作 1984年中央发出帮助贫困地区尽快改变面貌的通知后，各级气象部门利用自身的科技优势，针对贫困地区科技文化落后、防灾能力差而气候资源开发利用潜力大的特点，组织科技人员通过合理利用气候资源，广泛使用农业气象适用技术，发展经济农业、创汇农业等开展了形式多样的气象科技扶贫活动。目前(20世纪末以来)已开展气象科技扶贫的单位有700多个、人员2万余人。重点扶贫县50个，实施了700多个气象科技扶贫项目，培训专业技术人员20多万人，取得经济效益6亿多元，使大约15万户农业户脱贫。而且进一步使扶贫向开发型转变。

(四)积极参加农业社会化服务体系，加强农村气象科技服务网建设 农村气象科技服务网是地方气象事业的重要组成部分，可以双向传递气象信息，各种天气预报信息和农业生产产前、产中、产后气象情报及各种服务信息都及时、快速传到农村，各种雨情、墒情、农情及各种农业气象监测资料也能及时传到上级气象部门，供更广泛地使用。还可利用此网普及气象科学知识和适用技术。现在不少气象科技服务网已向多功能发展。到1993年全国已有28个省(自治区、直辖市)建立了农村气象科技服务网，乡镇覆盖率达30%的县有1 099个，覆盖率达80%的县有670个。全国已建立网点4 878个，安装警报接收器65 000台、发射点1 358个。21世纪初以来又有较大的发展。

农村气象科技服务网目前已在防灾抗灾中和当地领导指挥生产中发挥了很大作用。农村气象科技服务网功能还在不断扩展，已逐渐成为农业社会化服务体系的重要组成部分。

二、振兴经济，多方贡献

气象工作服务于当地经济建设，造福一方。运用气象科技借助天地之利，确实可生一本万利之效，为振兴地方经济发挥了作用。

例如我国南亚热带气候资源丰富，但有些地方经济并不发达，解放初期只有少数地方可以种植橡胶。后来，气象工作者协同橡胶科技人员找到许多可以种植橡胶树的小气候环境，使橡胶生产从北纬 17°北移到 25°，橡胶树种植高度从海拔 300 米以下提高至 600 米。橡胶树种植面积比解放初期增长了 600 倍。

我国许多地区对冬季的热量资源利用很不充分，气象工作者帮助这些地区开发冬季作物，使这些地方经济效益大增。贵州省黎平县据农业气候区划，在河谷低热区改过去甘蔗种植为两季稻加油菜三熟，或种植水稻、玉米、蔬菜、柑橘、香蕉等；在中温带种植水稻、油菜、玉米、蔬菜和开展畜禽养殖业；在高寒山区发展水稻或夏粮、蔬菜及林业等。20 世纪 90 年代产值大增，比改制以前增产粮食 35%，增产油菜 1 倍以上，使 10 余万农民脱贫致富。

再如，福建省、贵州省利用山区气候特点种植反季节蔬菜，既解决淡季的“菜篮子”问题，又发展了经济。1992 年福建省南靖县仅种夏萝卜一项就收入 10 多万元。广西壮族自治区河池、百色农业气象科技开发和服务 4 年增产粮食 6 亿多千克，创产值 5 亿多元，上百万人脱贫。

由于气象服务效果极佳，所以被一些省（自治区）的领导誉为“拐棍”。如广西壮族自治区副主席袁正中称赞气象工作者为“最可信赖的人”。

三、防灾减灾，造福于民

气象部门广大气象工作者昼夜不停地监视天气变化，进行预报服务，报告气象灾害情况，并提出防灾减灾对策，实乃保护人民之举。例如 1981 年汛期荆江和龙羊峡分洪、泄洪，1990 年福建连续 6 个台风袭击，1991 年江淮太湖流域百年不遇特大洪水，1992 年 16 号强热带风暴袭击，各省（自治区、直辖市）气象工作者都进行了很好的服务。1991年江淮特大洪涝灾害，在安徽省王家坝蒙洼分洪的关键时刻，国家气象部门与省气象部门共同会商，做出“雨区南压、江淮间雨势将减弱”的准确预报，为中央和省委领导决策将分流时间由子夜1时推迟到凌晨8时提供依据，为19 000名群众安全撤离做出重大贡献。1998年长江、嫩江、松花江特大洪水，2008年南方低温雨雪冰冻服务，以及2008年北京奥运会、2009年新中国60周年大庆的定点气象服务都取得了很好效果。

人工影响局部天气是防灾减灾造福于民的行动。人工影响局部天气在我国历史上早已开始。20世纪80年代以来，室外作业更强调了科学性，从而更进一步提高了人工影响天气室外作业的效果。

人工增雨抗旱保禾、保畜、解荒的事例也很多。如1990年川东大旱，庄稼枯死、人民生活用水困难，5万余人染上疾病。危难之时，飞机2次作业进行增雨，增雨量20毫米，解除了旱情。1991年秋徐淮连地区大旱，80年罕见，小麦种不下去，于是实施飞机增雨作业，使之普降中到大雨，解除旱情，翌年产量是当地最好的一年。1991年6月新疆维吾尔自治区巴里坤旱象严重，影响农牧业，高炮作业后，增雨25毫米以上。农牧民称赞：“你们的及时雨救活了庄稼和羊群。”

众所周知的1987年5月大兴安岭特大森林火灾，是由于不失时机地进行了飞机和高炮增雨，而使火场周围2万平方千米地区降了小到中雨，使5.7万平方千米出现20～45毫米降雨，为扑灭大火立下了功劳。1990年云南省2次森林大火也是气象部门人工增雨扑灭的。

20世纪90年代和21世纪初以来新疆维吾尔自治区等一些地区，在冬季开展人工增雪作业，取得了明显效果。冬季增雪可为库区和农田保蓄水分，而且还有保苗护田的作用。

人工防雹是又一项效果很好的防灾减灾工作。1988年黑龙江省绥化防雹护烟 2.33 万公顷，减少损失 1 000 多万元；甘肃省高炮防雹 23.33 万公顷，青海省高炮防雹 17.33 万公顷。据 1989 年统计，高炮防雹与增雨作业结合化冰雹为甘霖成功率：湖北为 93%，湖南达 97%，广西达 96%。1987 年以来山东省德州地区气象部门配合棉田保险开展防雹，4 年仅保险费盈余就达 300 多万元，增加效益愈亿元。1991 年就有 22 个省（自治区、直辖市）开展高炮防雹作业，用炮弹 49 万余发，为减灾做出了贡献。广西壮族自治区 1990 年以来 150 多个市县次飞机、高炮防雹，仅 1992 年就受益 133.33 万公顷以上。

到 2008 年，全国人工催降甘霖达 360 万平方千米，人工消雹已为 44 万平方千米除患。

因为人工影响天气可以增雨抗旱、防雹消灾，所以老百姓非常欢迎。20 世纪 90 年代后期辽宁省海城市东房身村农民花 30 万元钱买 2 门三七高炮防雹。各地人民群众对增雨、防雹非常欢迎，许多老百姓杀猪宰羊敲锣打鼓欢迎作业人员，而且把这造福于民的功德记在党和政府头上，说这是“共产党和人民政府给老百姓送来的及时雨”。可见人工影响天气工作既造福于人民，又增强了党、政府和人民群众的密切关系。

四、多种服务，多种手段

气象服务是多种多样的。不同时效的天气预报固然是气象服务的重要手段，但是还有许多有效的服务手段也是极受欢迎的。针对不同对象的专业气象预报和专项预报服务就是重要方面。例如针对盐业的气象服务被盐业生产誉为“先气象后生产”，对砖瓦业的气象服务也赞誉很高。以农业气象预报而论，就有产量预报、适播期预报、重要作物发育期预报、重要农事活动适宜期预报、土壤水分预报等。

气候状况具有资源属性，可用于资源开发服务。除前面所说的气候区划和农业气候区划、农业气候资源分析外，还为经济建设提供了资源服务。例如风能、太阳能等气象能源的开发利用已经开展，近几年内蒙古、新疆、西藏等自治区气象局先后完成了风能、太阳能的调查和区划。现在内蒙古草原上风车已为牧民带来光明并提供了动力。还可据气候资源对一个地区的人口及工农业承载能力提出决策服务。许多重大的工程建设，如黄土高原的水土保持工程、江河综合治理工程，在刘家峡、龙羊峡、二滩等大型水力发电站的选址、评价等方面都考虑了甘肃、青海、四川等省气象部门提供的气候依据。气象部门还先后为青岛港、九江长江大桥、沈大高速公路等工程提供了工程所必需的大量气候服务。至于建筑中对通风、采光和采暖等方面就更注意考虑气候因素了。

气象情报服务，如旬报、月报、季报、年报、灾情报以及其他专题报告，不仅对领导者起到了解情况的作用，进而修正计划、做进一步的工作安排；对广大生产者和群众也可以产生“亡羊补牢”之效。

高技术可产生高效益。气象卫星遥感技术已经用于各界服务。1987 年 5 月大兴安岭特大森林火灾就是由卫星云图发现的，各级领导并以卫星云图为依据指挥灭火工作。1991 年江淮大水，湖北省黄冈地区党政领导以卫星云图作为“战略地图”指挥抗洪抢险救灾；1988 年江苏省气象局建立的农业生态环境气象卫星遥感实时监测系统，在 1991 年大水和春季的低温服务中也发挥了重要作用；广西仅在 1992 年就利用卫星气象云图发现 6 处森林火点。

卫星遥感技术还据对海洋水温等的探测提供鱼情服务，使获鱼量大大增加；气象科技工作者还利用卫星遥感技术开发小麦等农作物生长状况服务。

气象与其他学科协同服务，互相促进和补充，效果很好。例如近年出现的“庄稼医院”就是气象服务的一种形式和手段。农村气象科技服务网是气象科技服务社会化的重要方面，气象部门已在全国许多地区组建了农村气象科技服务网，向气象部门和农业生产经营者双向传递信息、向农村普及气象科学知识。前不久，联合国农业研究专家在河北省考察时称赞中国“农村气象科技服务系统(网)是一项创举。”21 世纪 10 年代有的省相应开展了培训全省万名村委主任以加强气象科技减灾。许多省农业气象服务已进入万家农户。

五、气象须纳入农业系统工程同步规划与建设

农业是人类协调有益生物与大自然使之达成和谐统一，气象为被协调的一方，在国家大抓农业的今天，广大农业工作者越来越深刻认识到气象对农业生产的重要性。农业的每一要素和农事都与气象有关，因此气象是农业系统工程的组成部分，必须同步规划与建设。

生命活动都需要场地，需要适合的环境，需要资源的供应，所以就要有土、肥、水，必要的光、热量和气；还要培育良种、合理的种养方式(包括时间空间的合理密植)、科学管理，保护对人类有益的生命免受危害；为了提高效率而不断改进和使用好工具。其间都要充分利用光和气象条件。这样就形成了农务所必需的“土、肥、水、种、密、保、管、工、光、气”十个基本要素。

气象对农业的作用和意义主要表现在以下几个方面：①气象关系国计民生和领导机关的重大决策。②各地气候、农业气候资源分析和区划是进行农业区划和规划、决策的先导和依据。③旱涝风冻雹等气象灾害和农业气象灾害对农业影响最大，气象服务防灾减灾效益最大，对于保护农业丰产丰收极其重要。④气候变化已成为各国政府所关注的重要课题。⑤依气象条件趋利可使农业增产，是高产优质高效农业的科学依据。⑥气象可服务于农业综合开发、农业工程，包括市场农业。⑦气象科学使农事活动事半功倍。⑧农业气象适用技术可直接支持农业发展，气象科技扶贫

效果好。⑨人工影响局部天气实施防雹、增雨、增雪作业，在为农业减灾、抗旱增收、化害为利的实践中形成巨大效益，造福人民。

气象为农业服务的领域从陆上的种植养殖到海洋和水域的养殖和捕捞各个方面，诸如农业、林业、牧业、渔业、水利、盐业、环保等。须动员气象工作的预报、情报、通信、气候、农业气象、人工影响天气等各个方面的力量，发挥整个气象工作的总体效益。

气象建设是农业发展的基础工程。发展农业就要更多利用气象；发展农业增加对农业的投入，增加对作为农业基础工程的气象工作的投入是非常必要的。河北等省人民代表大会在地方立法中已把对作为农业基础工程的气象的投入纳入对农业投入的法规之中，这不能不说是个明智之举。

第二节　气象的作用可发挥得更好

一、淳化苹果甜

这是个采访花絮。1997年春末，笔者等十余人的采访团赴贫困县采访。陕西省淳化县气象局领导向我们介绍情况时，县局的同志端来一盆苹果款待我们。已是春末时节，北京的市场上已很难见到苹果，就是被人们精心保存的苹果也大多成了“老太婆的脸”；但是，这里的苹果却鲜红圆润，像刚刚摘下来的一样。笔者端详着苹果，想着为什么会这样？这时一只削好的苹果举到笔者面前，笔者吃了一口，确实“味道好极了”。相同的品种，这里的苹果确实比辽宁、山东的还好。

何以黄土高原上有这么好的苹果，又保存得这么好呢？

笔者查算了地面气候资料，黄土高原的彬县、淳化一带比山东烟台和莱阳、辽宁熊岳的气温日较差大，年较差小，年最低温度高，年平均气温高于熊岳而与莱阳相当。这些当然有利于果树光合作用产物的积累，又对果树越冬有利。苹果放在深厚的黄土洞里，温、湿度稳定，可保存得更久些。

还有，在西安笔者听了以色列农业气象专家做的报告，在以色列年降水量 400 毫米的地区，正是他们的小麦重要产区，而且不是灌区（可能与以色列的地中海气候有关）。年降水量 400 毫米这在我国还只是农牧交界区，看来如何充分利用降水，这也给人以启示。

二、更好发挥农业气候和农业气象预报的优势

农业气候和农业气象预报为农业服务更有优势，因为这两种预报既考虑了气象，又考虑了农业，而且在二者结合上有缜密的考虑。农业气候是以气候的农业鉴定和农业的气候鉴定及气候资料和农业气候指标为基础的，可以有针对性地为农业绘蓝图。

人们知之不多的农业气象预报较其他预报更具有针对性和准确性优势。除了考虑了更多的与天气气候变化相关的各种因子外，还考虑了许多生物学特性因子，这类因子反映了生物特性，而且具有相当的稳定性。诸如生物的适应性与抗逆性、自身与环境的关系及临界值、阶段发育学说等。

农业气象预报利用气象条件对预报对象（作物、牲畜）的累加效应，诸如温度的累加效应，运用“积温”；生物学温度指标，如该作物的生物学上限温度、生物学下限温度、最适温度及其作用。另外，还有其他因子，如水分过多或不足会使作物贪青或提早成熟甚至造成灾害，营养状况可影响发育和产量；不同品种自身的习性和对外界条件的特殊需求。

由于农业气象预报更与作物（包括牲畜）本身结合，考虑了许多稳定性因子和前期实际数据，大大减少了不稳定因素的比重，所以稳定性明显，故而预报要准确得多。例如产量预报的准确率可达 95%～98%。

三、为优品农业和现代农业多做贡献

前些年常听人们说西红柿不那么好吃了、棉花质量较差了、哈密瓜也不那么甜了……其中有生物学因素，也有气候、土壤条件不理想的地方滥种名、特、优品种而使品质退化的可能，还有环境污染、不恰当地使用农药和化肥及管理不善等因素。提高农产品的质量和保持名、特、优产品质量在新形势下被突出出来了。所以，应从以下几个方面着手做好农业气象工作。

(一)农业气象当为优品农业做贡献 不仅可以提出可不可以种的气象条件，还可以找出最佳的农业气象指标，以及要排除的不利因素。还有生态农业、创汇农业等。要均衡而持续地获取农业优质高产更要气象发挥作用。

(二)农业开发需要气象服务 农业开发的地段、项目都需要气候鉴定和服务。

为大力发展养殖业和林果业搞好研究和服务。我国养殖业和林果业开发极低，若按年人均值则更低得可怜，大约为：肉 20 千克、奶 3.1 千克、蛋 5.2 千克、水果 12.7 千克，只相当于资源及人口密度与我国相似国家的 1/4、1/110～1/60、1/3、1/30～1/7。目前虽有提高，但仍然很低。我国有 4 亿多公顷草地(是耕地的 3～4 倍)、2.67 亿多公顷林地未充分利用。我国农用耕地上已利用的农业气候资源只占农业气候资源的 17%，还有 80%以上的农业气候资源未被充分利用，可以用来发展畜禽养殖、林果种植和林副业(包括食用菌)加工等。

新兴农业产业，如生物产业和药用微生物、药业及其他产业，气象都能发挥作用。

(三)农业气象当为现代农业做贡献 现代农业的规模经营会越来越广泛，对农业气象的需求更多更大，有更多的农业气象工作可做。诸如规划中的农业气象问题、看天用天种地、各农事中的农业气象问题等，气象的作用会更明显。规模经营的重要方面是支柱农业和新兴产业，气象可以很好地为之服务。①农业气象就要保证粮食高产，为高产农业服务，为发展新品种服务。例如，新的高产品种育种问题、种养各个环节的服务等。②为国家建设粮食基地做贡献。为国家寻找农业气象条件最适宜几种主要农作物的产区。比如，适宜主要农作物小麦、玉米、水稻、棉花等的黄淮海农业区的农业气候比较优势以及适宜单项主要农作物基地的农业气候比较优势等，不仅要有可能的条件和区域，而且要有最优的条件和区域。③农业气候区划的细化和专项区划。现在全国已有2 000多个县完成了县级农业气候区划和农业气候调查。可为农业更具体的布局和结构的优化提供依据，可做更细更专的工作。④根据市场和农业的特点（如农时不等人和农产品易腐易霉的特点），为计划、交通、期货、贮运和保鲜等做好农业气象条件预报、产量预报及提供农产品保鲜环境和保鲜技术等。⑤研究、创新。农业气象技术和科研新成果的应用，为农业提供了发展空间。如红、黄、蓝、黑各色薄膜及光导纤维的研制使用可使未来农业成为“五彩缤纷的农业”。

四、决策服务，事关全局

大量实践告诉人们，以气象信息指导各项农事活动，可生一本万利之效。气象条件（光、水、热、气等）既是农业的资源，又是农业牧业的环境；既是产量形成的重要因素，又是防灾减灾的前提和领导决策的依据。气象对于农业的总体规划和许多重大事件往往具有先导和基础的作用，对于各级党政和生产指挥部门进行战略决策、规划制定、针对重大事件的决断起着举足轻重的作用。

第一，国家和省气象部门每年都组织专家对全国天气气候形势和农业生产情况做出产量的分析和预测，向国务院和计划部门、决策部门以及省政府报告。使之更便于科学地调整计划，进行决策安排。

第二,气象工作参与经济建设规划、农业发展规划研究工作,为国家战略决策提供依据。比如,通过对西北地区水分资源、气候资源对于人口和工业承载力的研究为国家经济发展战略布局提供科学依据。通过气候区划、农业气候区划、农业气候资源分析为农业区划、规划和农业综合开发提供重要依据。气候变化影响国民经济各个方面,对气候变化及可能的影响和对策的研究也为国家和各省(自治区、直辖市)进行规划和提出战略性对策提供了依据。气候服务的不断深化,气候委员会的组建并积极工作就是国家对气象服务工作的战略性考虑。

第三,在重大事件的决策中,天气信息往往起着决定作用。长期预报和天气趋势展望对领导的计划安排有参考价值。目前已进行的年度的季度的预报和汛期预报等都已被领导和生产指挥部门作为决策的参考依据。

2008 年全国农业改革中"三农"问题是重中之重,气象为农业、农村、农民服务,呼唤农业气象这个专门为农业服务的专业学科要发挥更大作用,各级领导和中国气象局应引起足够的重视。

我国大陆性季风气候的光照、温度条件及夏季雨热共济的特点均优于欧洲和日本,只要我们在土、肥、水、种、密、保、管、工、光、气这十大要素上认真做文章,识其真谛,用得其法,我国农业单位面积产量居于世界前列应当是可能的。

第一章　土是基础，气在其中

在农业生产中，人们称“土是基础”。这不仅是因为土给农作物提供了必需的生存空间、对根系起固定作用，更重要的是农作物所需的水分、养分以及根系呼吸的空气也是经由土壤供给的；土壤的温度直接影响根系的生命活动，影响着农作物的生长发育和产量形成。所以说“土是基础，气在其中”。这里所说的“气”指的是气象、气候，重点是分析土壤与气象的关系。

第一节　气候影响土壤的形成和发育

土壤和气象的关系，可追溯到土壤的形成和发育。土壤是由母质、空隙、水、养分、有机质和部分微生物构成的。母质是由岩石在不同气候、不同自然力和生物作用下风化而成的。

岩石的风化是岩石在自然力的作用下被破碎为小块和被分解为较为简单的化合物的过程。岩石的风化，包括物理风化、化学风化和生物风化。在一般情况下，上述 3 种风化过程几乎是同时进行的，只是物理风化早些而生物风化迟些。各地因自然条件和气候特点不同，风化过程也不尽相同。

一、火焰山与葡萄沟

土壤的形成，在我国北方特别是西北地区主要是物理风化，其次才是化学风化和生物风化。

使岩石物理风化的自然力主要是温度剧变，风吹雨打，石隙结冰膨胀。温度剧变使岩石热胀冷缩，因为岩石不同成分的各部分的膨胀系数不同而爆裂或产生裂隙。大家知道，西北地区是我国温度变化最剧烈的地区。克拉玛依地区气温年较差达 44.2℃，祁连地区也接近 30℃；这些地方的气温日较差年平均值都在 14℃以上，比东部地区和南方要高得多。气温骤变，致使人们“早穿皮袄午穿纱”。岩石表面温度变化更远远大于气温变化，中午热起来，石头上可以烙饼，沙窝里可以烫熟鸡蛋。例如《西游记》里讲的火焰山，就是新疆吐鲁番以东的赤色戈壁地带。因为赤褐色对太阳辐射的吸收率很高，而砂岩的比热很小，极易升温，地表温度最高可达 82.3℃以上。我国西北地区的降雨又多为阵性降雨，这样，岩石被太阳暴晒温度急升，又突遭冷雨一激，久而久之岂有不爆裂之理。而且冷期一到，冷得可冻裂石头，特别是石隙的水结冰迅速膨胀的机械力可将石隙胀裂。

岩石风化碎裂加之水、气和腐殖质，亿万年来逐渐形成土壤。有了土壤和雪水，今日火焰山已是林阴蔽日田园如画，葡萄沟、桃儿沟、木头沟、吐峪沟、连木沁沟、苏伯沟和胜金口峡谷泉水环绕，林木葱茏，盛产葡萄、瓜果，并且保留着汉唐时代的石窟、壁画和其他文物古迹。在横贯火焰山高峰的胜金口峡谷中有陡壁如削、怪石嶙峋、形状奇特的风化遗迹，当地维吾尔族人还说胜金口山顶的一根天然石柱就是当年唐三藏歇脚时的“拴马桩”。

二、气候与五色土

我国幅员辽阔，气候多样，土壤种类很多，只从颜色上分就可分好几种。土壤的颜色不仅与母质有关，而且与气候有关。

（一）东北地区的黑土　土壤中有机质、养分、水分的多少及物理性状都因气候而不同。我国东北地区气候较西北地区为湿，而且气候冷凉、冬季较长，所以不利于有机质分解，故而土壤中生物残体和腐殖质较多，成为土性偏凉的黑土。此外，东北地区还有黑色的泥炭土。

东北地区的黑土，土壤肥沃，但是速效肥并不很多，所以常需晒垡。

(二)华北地区的栗钙土 华北地区的土壤的母质与东北地区也有所不同,更由于华北地区比东北地区温暖,土壤中的有机质比东北地区更易分解,故而土壤中的有机物比东北地区少,颜色就不如东北地区的土壤黑。

(三)南方地区的红壤 江南、华南地区温度较高,微生物活动强烈,有利于土壤有机质分解,加之雨水多、淋溶作用强,所以土壤中腐殖质等较少,空隙度也较少,形成了黏性土质含铁较多的红黏土。

三、"无土栽培"仍然有土有气

未经开垦种植的土壤,是自然成土因素——气候、生物、地形、母质、年龄等相互作用而形成和发展的;已经开垦种植的土壤,是气候、生物、地形、母质、年龄、水和管理等相互作用而形成和发展的。

随着科学发展,"无土栽培"可能越来越多,可能有人开始怀疑"土是基础"。"无土都可以栽培,还能说土是基础吗?"

人们通常认为土壤的本质特性是肥力。这话虽也不错,但"肥力"的含义应当更进一步明确。全面具体地说:土壤应是生命(作物)的地盘(领地)、环境、养分、水分、气体、温度和热量。土壤之所以重要,之所以称"土是基础",就是因为土给生命赖以存活的这些基本条件,这些要素之所以能通过土壤对作物起作用,也是因为这些要素的良好地配合。

这个"无土栽培"的"无土"只不过是没有"母质"而已,但仍然为作物提供了地盘、颗粒物或液体、营养物、水、气和热量等。所以说这个"无土栽培"实质上还是"有土栽培"。

第二节　气象与土壤改良和保土

对土壤的改良是以改善土壤性状、肥力及土壤的水、气状况，增强对农作物有益的因素，减少甚至消灭有害因素为目的。必须考虑与之相关的气候、地貌和地理特征。我国耕地面积1亿公顷，大约仅占国土总面积的1/10。要充分利用这些有限的耕地，就必须不断改良土壤。但是我国幅员辽阔，气候多样，土壤多种多样，所以改良土壤和进行农田基本建设必须因地制宜、因气候制宜。

一、南方红壤以改善其水、气状况为主

南方水稻区，有的由于长期渍水，土壤潜育化现象明显，耕层变僵变薄，冷湿不通气，养分难以释放，甚至使作物受还原物质的毒害。江苏一些地区随着杂交稻的推广而采取水旱轮作，如麦—豆—稻、麦—稻—豆或麦—玉米—稻等，以使土壤通气，改善土壤的水、气、热状况，从而改良了土壤，得到了丰收。对于冷、凉、僵的土壤，许多地方采取秋季深翻晒垡的办法使土壤也得到改良。

为何水旱轮作和深翻晒垡能使土壤得到改良呢？

无论是南方土壤潜育化的水稻田还是湿冷的东北黑土，这些做法都是有效的。其原因有三：第一，增加了土壤的孔隙度，改善了土壤的通气状况；第二，提高了土壤温度；第三，由于土壤通气状况的改善和土壤温度的提高，就使土壤微生物增加，使有机质分解加快，从而大大改善了土壤的结构、透气性和土壤肥力，所以使冷、湿、黏的土壤得到改良。

南方丘陵坡地也有酸、瘦、板结等问题，还因坡陡致使水土流失。所以要修水平梯田（保水）和施用石灰（改良土壤结构）。坡度较缓的荒坡，可种植茶叶或开垦为桑园、橘园等。对不宜垦植的山地荒坡可封山育林。

以江西省的红壤为例，进贤县90%以上的土地是在红色黏土母质上发育成的红壤，经植树造林、修建梯田后使60%以上的红壤能旱涝保收。再如兴国县过去是“三日无雨水断流，一场急雨沙满丘”的红壤低产地区，经综合治理，种植茶叶、油茶、油桐、杉树，平整土地，兴修山塘水库和渠道，扩种绿肥等，从而改变了面貌，产量大增。

在条件较好的水网平原地区，则进行较高水平的农田基本建设，使土壤的肥力和水、气等状况更好，土地得到更充分的利用。有条件的地方由麦—稻二熟发展为麦—稻—稻三熟；排灌系统与机械化相结合，“上路下渠”节约土地；水面放养绿肥（水浮莲、水葫芦、水花生）等。

二、华北栗钙土的旱涝盐碱地改良以水肥为中心

华北平原的土壤，主要问题是旱涝盐碱危害。原因主要是水分供排不畅、地下水位偏高所致。特别是盐碱地更需完善排水系统，改善排水条件，解决排水出路。采取井灌井排、河灌井排及井、沟、渠结合，统一调配雨水、河水、土壤水、地下水。抓住盐随水走的规律，使土壤的盐分得到控制。以排盐为中心，以深井、浅井和深排沟为主体工程，以及种植绿肥、平整土地、营造林网等措施，河北省黑龙港地区盐碱地减少了2/3。曲周县在中国农业大学（原北京农业大学）等单位的帮助下还挖建了深浅沟系统、深（淡水）浅（咸水）井系统，网络化，分层取水，联通使用，效果很好。

三、西北黄土高原以治旱和水土保持为中心

西北黄土高原的主要问题是水土流失和缺水。所以要以治旱和水土保持为中心，做好以下2个方面的工作：第一，要增加地面的植被覆盖度，特别是荒山秃岭要种树种草。第二，要实行等高种植、水平耕作。坡地修筑梯田，横向等高起垄，种树要挖鱼鳞坑、水

平条。这样可以保持水土和肥力。山西省昔阳县深耕改土、平整土地，实行等高种植，把沟梁地整得像小平原。陕西省米脂县黄土丘陵沟壑地区，农林牧结合，农业和经济林、牧草结合，既是牧草又是绿肥，使“高山远山森林山，低山近山造平原”。他们还在石头沟筑坝建水库，在干沟垒坝建良田。

人们都很重视土壤的“种、养结合”，以保证土壤不退化、保持肥力。山区农民依据山区特点既保持水土，又充分利用土地和农业气候资源而发展农林牧业。他们认识到，“山区要想富，发展农林牧”。

四、旱农地区要防止土壤沙化和水土流失

对于沙石土壤、沙质土壤，甚至一般的旱地土壤，都受着沙化和水土流失的威胁。保护土壤防其流失，使其免遭旱涝风沙吞食，显然是土壤问题也是气象问题。暴雨可使失去植被保护的土壤流失，使山地沙石土产生泥石流；大的旱涝可吞没上亿亩良田，使土壤受到破坏；大风可使沙漠向农田推移。由于对绿地保护不良，风沙干旱可使土地退化沙化，每年世界上损失 500 万～700 万公顷土地。我国有 390 万公顷农田受沙漠化威胁。我国每年因水土流失而失去的土壤为世界之最。

要保护土壤，防止沙化、防止水土流失，重要的是要做好水土保持，防风固沙。一是种草种树以防风固土、固沙，从而防止水土流失。二是增加有机肥(包括秸秆还田等)以增加土壤颗粒间的黏结力和肥力。我国党和政府对保护土壤、防止水土流失、防止沙化非常重视，在大江、大河上游营造水源林，在广大山区搞封山育林以减少水土流失。把“三北”防护林作为国家重点工程。气象工作者为防风固沙飞播种草种树进行了出色的服务。为了保持水土、提高土壤肥力，进行科学种田、营造小平原、修梯田等都是考虑气候特征以减少气象灾害的护土措施。当然，进行各项耕作，进行各

项农田建设和活动又都受气象条件的影响,需要进行天气气候服务。

五、防止土壤沙漠化的新招数

防止沙漠化应从2个方面着手:一是制定有关法规保护天然植被,禁止乱砍乱伐;营造人工林带,保护人工草场;合理利用森林、草场资源。二是尽量减少天然因素的影响。减少天然因素影响的方法之一就是设法减少土壤中水分蒸发,防止土地干燥。

埃及是一个受沙漠严重威胁的国家,该国从1988年开始,实施一项利用高吸水性树脂的蓄水性能来防止土地沙漠化并使沙漠绿化的计划。主要是以淀粉及丙烯酸盐构成的树脂,吸水和蓄水量为其本身重量的500～1 000倍。他们把这种树脂制成大小为1～3毫米的颗粒,混合在表层土壤中,它可以吸蓄天然的降水、露珠,甚至空气中的水分,形成具有很大弹性的凝胶状块,成为土壤的极好湿润剂,使细沙土壤不会出现板结现象也不会形成止水层,起到防止土壤沙漠化的作用。埃及有多家厂商生产高吸水性树脂并已开始试用,准备大面积推广。

第三节　依气候用土

一、依当地的气候和土壤性状用土

利用土地要依当地的气候和土壤性状而定,其具体使用还因天气而异。土地作为生产资料,它的位置是不可移动的,它受气候和天气的影响最大,所以对土地的利用要因气候而用、因天气而用,这是一条重要的用地原则。例如,北方的土壤和气候适宜旱地农业;而南方的土壤不易漏水,降水也多,更适宜水田生产。另外,具有良好小气候环境的土壤尽管土质相同,也因土壤温度和小气候优势而可以比其他地段获得更多的收益。

我国大部分耕地分布在温带和亚热带，无霜期较长，适合栽种的农作物品种较多，有充分利用耕地的有利条件。充分利用和改善土壤的小气候状况，我国有几千年精耕细作的优良传统。同样的土地，良好的耕作可使土壤为作物提供极佳的水、肥、气、热的保证，发挥增产潜力。结合其他条件，可使粮、豆等作物增产10%以上，甜菜、土豆增产更多。

二、依气候合理规划利用土地

马克思说过："……劳动并不是它所产生使用价值即物质财富的唯一源泉。正像威廉·配第所说，劳动是财富之父，土地是财富之母。"所以我们对土地的利用要尽量科学合理，要因地制宜。何况我国耕地比世界人均耕地0.38公顷少很多。科学合理地利用土地还有利于建立可持续发展的生态农业。

我国幅员辽阔，耕地受气候、地貌、地理环境的影响，土壤类型十分复杂。所以科学合理地利用土地，就要依据气候等进行规划利用。先根据农业气候区划制定大的农业布局，再根据地貌、地理环境和小气候，安排几类土地的利用。已经完成的全国农业气候资源调查和农业气候区划、各省（自治区、直辖市）的农业气候资源调查和农业气候区划、亚热带丘陵山区农业气候资源及其合理开发利用研究等，为国家的农业规划和合理农业布局提供了依据。

例如，利用南方热带土壤发展橡胶、热带水果、甘蔗、水稻等热带作物；利用亚热带地区发展双季稻、杂交稻、稻麦三熟、亚热带经济作物、亚热带水果和经济林木等；利用北方旱地土壤发展麦、豆、棉、油、玉米、杂粮和稻等。

在大的农业规划区域内，对不同小气候和地理类型的土地，依其不同特点，扬其所长合理利用。①合理利用丘陵山地土壤，发挥具体小气候优势，以林为主安排生产。人们说："山上多种树，等于修水库，雨多它能吞，雨少它能吐。”还要发挥具体地段的小气候优势发展经济林木或果树，地势较低的可发展茶园或果园。②合理利用草原、草坡，保护草原和有草的坡地。除农业气候上宜农的荒地外，其余要大力发展畜牧业。③充分利用水面发展水产业。在各个农业规划区内都有不少水面，应当充分利用，进行养鱼等水产和种菱藕等。④开垦农业气候上宜农的荒地，扩大耕地面积。这里强调的是农业气候上宜农的荒地，而不是一切荒地。有些地势较高的荒山秃岭则不宜开垦，如果开垦了则会造成水土大量流失、破坏生态。就是对农业气候上宜农荒地的开垦，也要采取等高种植、水平起垄，既保持水土又充分利用雨热资源，还要注意与农田基本建设相配套。

依气候合理规划利用土地，实际上也就是现代化的集约经营对土地实行集中投入、精耕细作的种植方式。因为集约经营既然是最佳的集中投入，其中当然包括了气象投入。

三、为作物营造良好的土壤微气候

(一)良好土壤微气候的标准　为作物营造良好的土壤微气候是使农业优质高产所必须的。营造良好的土壤微气候就是改善土壤的物理性状，改善土壤微气候，调节土壤松紧状况和空隙度，增强渗水性和通气性，增加团粒结构以涵蓄更多的水分、养分和空气。土壤中水分和空气占据空隙的比例尽量维持在 7∶3 左右，以利于水和气对农作物的供应；要使土壤温度维持在 15℃～25℃，以保证作物根系的最佳活动状态。科学的土壤耕作是根据当地的气候、土壤类型、农作物的要求、茬口和当时的土壤温湿度，通过科学的土壤耕作，使劣等地变成优等地、荒地变成耕地，把没有利用起来的地利用起来。

(二)营造良好土壤微气候的方法

1. 晒垡　晒垡是改良土壤、创造良好土壤微气候可行的方法。

通过晒垡可加速土壤熟化。经过冬季的严寒可冻死土壤中的害虫；经过春季的冻融和耙耱，可改善土壤的通透性，提高土壤温度。

2. 顶凌耙地　在北方初春土壤表层开始解冻但是还没有化通时进行耙地，既可破坏土壤表层的毛细管、减少土壤表层的水分散失，疏松的表土又可以使地表导热能力减弱，从而减缓由上而下的解冻速度，而不影响由下而上的解冻速度；既可使土壤有良好的物理性状，又可保墒抗旱。另外，结合耙地施基肥（有机肥），随着有机肥的腐熟可改善土壤的通透性和提高土壤温度。

3. 中耕　俗话说，锄头有水又有火，这是农民对中耕这一改土方法的体会。土壤水不足时，中耕可以切断通向土壤表层的毛细管，大大减少土壤水分的散失；在土壤水分过多时，中耕可破除板结，提高土壤温度，散失土壤中过多的水分，而保护下层土壤的墒情。

4. 三看三定　以“三看三定”为核心的种植经验，是黑龙江省甘南县的全国劳动模范吕和创立的以“看天时定种植比例，看雨情定播种顺序，看墒情定播种方法”的运用气象看天用天活种地、取得高产“以气用土”的典型经验。其中吕和同志“压老沟子种玉米”和“扣豆子”以利用垄沟的墒情，或者开沟播种，或者“扣种”，待种子发芽后再耢去较厚的覆土、以提高地温保证更好的出苗和壮苗的种植方法。后来在20世纪80—90年代有些省份所使用的“沟植垄盖”技术，就是“三看三定”经验的应用。

5. 根据土壤性状适应、改善、利用土壤微气候　如黄土高原有一种土壤是柱状结构，毛细管长达数米、十数米甚至更长，因其纵向的结构像楼，当地百姓称它为“楼土”。虽然当地很旱，但是旱地作物在楼土上种植可以利用深层土壤的水分维持生长。当然要做到精耕细作，尽量减少土壤水分无意义的蒸发和损失。我国西北地区的农民还创造了“压石保墒”、“压石取露”的方法改良和利用土壤微气候。因为西北地区黄土高原土层深厚、毛细管长，可利用几乎整个土层的水分。而且又因为干旱缺水、水分宝贵,为了把这些宝贵的水分提供给耕作层,当地人民创造了压石保墒的办法,为农作物的生长创造了良好的土壤微气候。因为西北地区属大陆气候、昼夜温差大,地表面因辐射降温温度更低,而土壤深层温度相对较高,土壤深层的水分和水汽则向饱和水汽压力较小的土壤表层移动。由于表层压的石头温度更低,则水汽就会凝结在石头上,渗透到表层土壤里。

6. 依气用土　农事活动,土气相依,甚至连农业的旱涝标准也因土壤而不同。北方旱地只要有积水就可给作物造成危害,而南方水田只要在作物需水期水分供不应求就可造成干旱。

在同样湿度条件下,沙土地和砂壤土还能保证水分供应时,壤土和黏土可能就不能保证对作物的水分供应了,特别是黏土对水分的供应能力最差。所以在黏土地里掺沙子、施石灰、施有机肥是改良黏土,也是依气用土的好办法。

华北、西北日降水量达 100 毫米会成涝,其中长年干旱地区大于 30 毫米的降水量就可造成涝害。因为土壤结构不同,没有南方的胶黏结构,而比较疏松,急雨还易造成水土流失。

第二章 “肥”当家，“气”相助

第一节 气可成为肥和依气造肥

“庄稼一支花，要靠肥当家”。

气象与肥何干？这得从肥的作用和肥料本身谈起。那么，肥料是什么呢？

肥料就是生物生长发育和生命活动所需要的养分，对于植物(作物)就是肥料，对于动物就是食物。肥料为农作物补充必要的养分。另一方面还可以调节土壤的理化性状，增加团粒结构，更好地保蓄水分和养分，为根系和土壤微生物创造良好的小气候环境。

农作物机体的干物质中包含碳、氢、氧、氮、磷、钾等60～70种元素，其中作物需要最多的元素是氮、磷、钾。氮、磷、钾及若干微量元素主要是作物从土壤中吸取的。仅靠土壤中已有的养分是不够的，这就要通过施肥予以补充。这些元素参与和促进由光合作用把二氧化碳和水合成的有机物向蛋白、脂肪、淀粉、纤维素等各种物质的转化过程。而根对这些元素的吸取以及有机物的转化都受温度和水分的直接影响。例如，温度10℃以上糖可以转化为淀粉在体内贮存起来，而温度低于10℃则淀粉反而可转化为糖。

一、气和水都可以成为肥料

大家知道，使用较多的氮、磷、钾肥一般都是固态肥料。我国农村常用的农家肥也多是固态肥料或者是液态的粪稀。但是，你是否知道“气”也可以是肥料。

肥既然是植物的生命活动所需补充的养分，那么，植物进行光合作用所需要的二氧化碳气就也是肥料。植物进行光合作用，植物的叶绿素在阳光的作用下把二氧化碳和水变成有机物（碳水化合物）并放出氧气。目前，在覆盖栽培中施用二氧化碳者日渐增多，几年前就已经作为肥料在一些作物的塑料大棚、阳房和阳畦中使用了。实践表明，由于二氧化碳气肥的施用可使作物增产，使保护地栽培的黄瓜长得大、产量高、质量好，而且多种蔬菜施用气肥后均可大量增产。

在空气中含量最多的是氮气，氮是植物需要量最多的元素。大量氮肥是由化工厂生产的，但其原料就是氮气。可以把空气中的氮气直接固定在土壤中成为肥料的一种微生物叫“根瘤菌”，人们还把大豆等根部的根瘤弄成粉末，作为肥料施入土壤，以使固氮，增加土壤的氮肥。我国南方水田中养的红萍，在叶中与之共生的蓝藻也能够固氮，像根瘤菌一样，可以把空气中的氮固于植物体内，供植物使用。

水也可以成为肥料。所谓“水肥”，就是将煮沸 5 分钟的开水倒入一个容器中密封起来，而后降温至 20℃以下，成为凉开水。用这种水肥浇灌或浸种，能使作物产生一种特殊的生理作用。有试验证明：用这种办法棉花能增产一至二成，而且棉纤维质量良好；甜菜能增产 40%，糖分增加 1.5%。

二、一些肥料与水混合的双重作用

肥料是用于保证和促进农作物生长的，无论是化肥还是有机肥其主要成分都是植物生长所必需的氮、磷、钾等。但是有水的存在则肥料还可治虫，这样可起到补充养分和防治病虫害的双重作用。

（一）氮肥水溶液还可治虫 用 2%尿素溶液或 1%碳酸氢铵溶液或 0.5%氨水溶液能治红蜘蛛、蚜虫、蓟马等体型小、耐力弱的害虫。在害虫发生时进行叶面喷洒，每周 1 次，连喷 2～3 次，效果良好。

(二)磷肥水浸出液还可治虫 棉铃虫产卵时最惧磷。可用20%过磷酸钙浸出液，对棉田进行叶面喷洒，每喷5～6畦，留1畦不喷，驱使棉铃虫到不喷磷的畦面集中产卵，然后再进行药物灭杀。

(三)钾肥水溶液还可治虫 用10千克草木灰对水50升，浸泡一昼夜，取滤液喷洒可治蚜虫。若在草木灰液中加入少量敌百虫，能增强药剂的触杀、熏杀作用，效果更好。另外，在菜地中每667平方米(1亩，下同)沟施或撒草木灰20～30千克，能防治地蛆对葱、蒜、韭菜等蔬菜的为害。

(四)尿素混合水溶液还可治虫 用250～500克尿素加100克洗衣粉对水50升喷洒，可防治果树、农作物、蔬菜田中的红蜘蛛、蚜虫等害虫。

(五)硅钙肥还可治虫 玉米、大豆每667平方米施硅钙肥30～40千克，可防治玉米螟、豆荚螟等害虫。水稻、小麦等作物，每667平方米施20～30千克硅钙肥，可减少黏虫为害。

三、气象条件影响肥料的制造

具有补充养分又改良土壤作用的最佳肥料是有机肥，有机肥的沤制需要一定的气象条件。

(一)人粪尿 农家肥人粪尿的腐熟及保护必须考虑气象条件，忌露天堆放，免受风吹、雨淋、日晒，以免造成氮素损失；含有较多钾肥的草木灰、炕土等宜干藏干用，忌雨淋、水湿和大风，以免造成损失。

(二)秸秆肥 秸秆肥的沤制以及厩肥的腐熟，用堆积的方法，均需掌握一定的温度、湿度和透气性，同时要防雨淋。堆积一段时间(10～15天)后要翻堆，使温度和透气更均匀；还要根据干湿情况适当加些水，保持一定湿度。经2次翻堆就基本腐熟了。

(三)沼气肥 办沼气是沤制高效有机肥的好方法,它减少了风吹雨淋日晒等使肥力损失的影响,又增加了农村能源,而且有利于环保。以沼气作能源,减少自然状态下产生的甲烷对大气成分的干扰及其对气候变暖的威胁。

(四)圈肥 圈肥也是较好的有机肥,量大、用得最多的是猪的圈肥。养猪就需要畜牧、气象知识,使圈舍面向阳光、防寒保暖又通风。巧用气象,猪养得好,肥料也又多又好。

(五)绿肥 绿肥是我国江南、华南的重要肥源,各种绿肥的种植均受气象条件的影响。在冬季"农闲"时期种植绿肥还是对南方冬季气候资源和土地资源利用的一种形式。稻田养的红萍,在叶中与之共生的蓝藻还能够固氮,像根瘤菌一样,可以把空气中的氮固于植物体内。红萍中还含丰富的磷、钾及大量有机质。江苏省等地在实践中总结出红萍安全越冬保种、加快春繁和夏季防虫、防热的经验,使养红萍从苏南向北推移到徐淮地区。

四、闪电制造肥料

大气中的氮不仅可被固氮菌把它固定于土壤中成为可被作物吸收的肥料,而且在降雨时,雷暴(闪电)可使大气中的氮变成可被植物吸收的氨进入土壤里成为很好的氮肥。

电闪雷鸣前一霎那,地面与有雷电的云之间的电位差约为1亿伏,最大时达10亿伏。闪电通路上的温度高达25 000℃～27 000℃。雷电释放出的热能,平均1次约2 092万千焦。在这样的高温下,空气中的氮和氧化合,变成氧化氮和氨溶解于雨水里,成为能被植物吸收的氮肥。有人估算,平均每1次闪电,大约有1 500千克氮肥降到地面上。一场强大的雷雨,可以给大地增施4万～5万吨氮肥。有人计算过,每年每平方千米的土地上可从闪电那里获得相当于100～1 000千克的化肥。

整个地球上的雷雨,大约平均每年有雷电1 800万次,每天

5万次,每分钟达35次,也就是不到2秒钟就有1次。雷雨活动最剧烈的地方,是赤道带和热带。在赤道地带,平均每年有100～150个雷雨日。赤道热带地区雷雨频繁,声势浩大,每年雷雨日一般有100～150天。随着纬度的增加,雷雨越来越少,到北纬82°以北和南纬55°以南,雷雨就销声匿迹了。地球上的雷电,98%在陆上。陆地上闪电活动增加的主要原因是对流增强。陆地上对流加强、冰晶增多,所以云中起电多,因而闪电就多。

雷雨天气不止为大地提供了大量降水,而且其闪电还为土壤提供了大量氮肥。有人在田里进行“接闪器”试验,试图给农田接得更多的氮肥。方法是在田里立几根20米高装有3根30厘米长、2厘米粗的铜管,以导线连入地下。在雷雨过后,据资料显示,在试验地为中心的50米半径范围内平均每667平方米增氮2.7千克,相当于6.78千克硫酸铵。此方法不妨一试。

闪电还可促进植物发育。有试验表明,经闪电处理的豌豆提早分枝、提前开花;闪电处理可使玉米抽穗期提前1周,可使白菜增产一至二成。

研究发现,每场雷雨过后,空气中的气体分子在雷电的作用下,离解出带负电的负氧离子。测算得知,雷雨过后,每立方厘米空气中的负氧离子数目可达1万多个(而晴日里的城市闹市区每立方厘米空气中,负氧离子只有几十个)。实践表明,被称为“空气的维生素”的负氧离子,对人体健康非常有利,对其他生物也有利;而且发现,当空气中的负氧离子与正离子的比例达到9∶1时即可使细菌减少。

有人提出运用人工闪电处理化学垃圾和处理普通垃圾。在专用容器中的两个石墨电极间产生人工闪电,闪电生成的火花使容器内的瞬间温度高达几千摄氏度,在此高温作用下,垃圾中的有机分子被分解。人工闪电也可制造氮肥。

五、磁性肥料

气象与电磁相关。强烈的天气会引起电场和磁场的变化，而电和磁都与农业密切相关。磁性肥料给作物追施，能起到一般农家肥起不到的增产作用。如将草灰土、煤灰渣等放置在高强度磁场中经过磁化后施在田园里，南瓜、西红柿、茄子均可增产40%，而且果实色彩鲜艳、味道甘美。

第二节　看天施肥效果好

一、施肥要看天

气象条件影响肥力的发挥。氮、磷、钾等各种养分主要是其化合物溶于水中，根系在吸收水分的过程中把含有这些化合物的水溶液吸收到植物体内，所以作为气象条件的降水和作为农业气象条件的土壤水分对肥力的发挥起着必不可少的作用。温度影响根系的活动和溶液的渗透压。肥料中养分的释放是靠微生物活动分解有机质，微生物又直接受温度影响。所以适当的温度、降水可使肥力倍增。

施肥不是只考虑作物需要就施的，还要考虑肥料属性、土壤湿度以及天气情况。

猪粪是冷性肥料，适宜作基肥；羊粪、马粪、牛粪属热性肥料可以作追肥。

一般来说，无论施有机肥还是化肥，为了减少风吹、日晒、雨淋，避免肥力损耗，最好挖沟（或坑）浅施，施后上盖薄土。人粪尿不要露天存放，可以粪稀形式施用。有灌溉条件的，可随水施用。为防止损失和充分发挥肥效，施肥（特别是化肥和炕土等）最好在雨前进行，但是要注意防止因雨大而造成径流使肥料流失。

其他杂肥,如炕土、塘泥、湖泥、可肥化的垃圾等都要干存、干施,施后有雨才好。

喷施叶面肥料,宜在不下雨的当天的早晨或傍晚进行,以利于作物吸收。

考虑到不同肥料的性质,一般宜在阴雨多、光照少的时期施用。速效氮肥不宜施得太多,以免发生作物徒长造成倒伏。

有机肥对改良土壤、增加土壤的团粒结构、提高土壤通透性以及增温、保水保肥具有良好的作用,虽然肥效缓慢,但可较长时间为作物提供养分。有机肥可以在秋季深翻土地之前施入,深翻后既可防止肥料损失,又可使土壤微生物对有机质有充分的分解时间。已腐熟好的有机肥和化肥可在春、夏季施用。

为了加大田地的肥力,在绿肥和双季稻轮作区,在冬季把磷肥施给绿肥,这样可以更充分利用冬季气候资源,"以磷增氮",可使水稻得到更多的氮和磷。

二、施用单元素肥料更要看天

(一)氮肥 氮肥如碳酸氢铵、氨水等的挥发性都比较强。例如碳酸氢铵是不能在高温下施用的。有人做过试验:碳酸氢铵在温度16℃时1天分解损失3.5%,3天损失7.4%;而在32℃时1天分解损失19%,3天损失48.3%。所以高温下不宜施氮肥,氮肥也不宜在日光下暴晒。

所以氮肥要深施,犁地开沟深10～13厘米施用,施后覆土即可。深施氮肥上面有泥土覆盖,温度不会很高,又可防止日晒,所以可以减少挥发;深施氮肥易被土壤吸附,延长肥效,还不致因肥料"烧苗"。一般深施可在播种前结合整地进行:旱地也可结合中耕施入7～10厘米深处;水稻插秧后氮肥的施入,使用施肥器施入7～10厘米深处即可。

追施氮肥的时期可视作物长势和天气气候情况而定。比如追施氮肥硝酸铵，不可在雨前或趁雨施用，否则硝酸铵会很快被雨水溶解流失；而应当在雨后趁地湿追施氮肥硝酸铵，这样氮肥缓慢地溶解渗入土壤，氮肥得以充分利用。氮肥与磷肥配合施用，一般增产效果会好一些。

（二）磷肥 磷肥的施用要考虑土壤和茬口，还要考虑施用时期，一般在作物生长后期长籽粒时施用。磷肥也适于深施或作种肥。在用过磷酸钙水溶液对小麦、棉花、果树等进行叶面喷施时，要选在不下雨的当天早晨或傍晚，如此易于作物叶面吸收。

（三）钾肥 钾肥因土壤类型而施，一般多在红、黄壤和保钾性能差的沙质田施用，或者对需要补充钾肥的作物施用，增产效果明显。钾肥与磷肥特性有些相似，吸收缓慢，所以一般也作基肥，若作追肥则应早施。

（四）微量元素 微量元素的施用要针对土壤和作物的特殊需要而定，采取拌种、浸种或叶面喷施等方式进行。

对于肥料的施用，一般是大雨后趁湿施入；长时间无雨，则要结合灌水进行施肥。如果土壤湿度较低而施肥太集中，则必须将肥料稀释后再施，不然就会“烧苗”。

第三章　水是农业命脉，气是水之“源汇”

第一节　大气是水之“源汇”

一、水是农业的命脉

水是生命之源。地球上的生物是在水中起源的，没有水就没有生命。水是生命的组成部分，植物的 70%～90%是水分（植物含水一般在 50%以上，蔬菜含水在 90%以上）。不仅如此，水还是一切生命活动、生理生化过程的介质和参与者。例如，水参与光合作用而形成有机物并通过水进行转化和输送，水还参与新陈代谢等生命过程。水使细胞保持张力，进行正常呼吸和蒸腾。

在温度条件适宜的地区，只要不造成涝害，水分供应越充沛生物库容就越大。这也是热带雨林地区的生物库容远远大于其他地区的原因。而我国年降水量 400 毫米以下的地区一般认为只能从事畜牧业，许多气候区划用 400 毫米降水量线大致确定我国农牧业的界线，这是现状，是否可变，当然还待研究。

农作物对水分的需求量很大，1 株玉米 1 天需将近 2 升水，一生耗水 200 升。生产 1 千克小麦要耗水 700～800 升。小麦每吨用水 500 立方米、棉花每吨用水 2 500 立方米。植物对水分的消耗 99.8% 是通过蒸腾完成的，通过蒸腾植物吸取和运输水分和养分。叶面蒸腾水分还可调节植物体温不致被高温伤害，而且对附近环境温、湿度有调节作用，可改善局地小气候。

二、气是水之“源汇”

水与气关系密切，甚至在一定程度上二者具有一体性。地球诞生之初，大气中有大量水汽、二氧化碳、氨、氮、硫化氢等气体。10多亿年后，地球表面开始冷却，大气中的水汽凝结成雨降落到地面，形成海洋、河流和湖泊，而后不断进行水分循环。自然界水分循环的本身就是气象物理过程，包括水分蒸发（含植物蒸腾）、水汽移运、水汽凝结、降水、渗透、径流、被植物吸收等。陆上大气可以说是陆上活动水量的“源”又是“汇”。全球大气层中，年活动水量陆上气层收入来自陆上蒸发（蒸腾）的水量为63 000立方千米，由海洋上空输送来的水量约36 300立方千米，而后形成约99 300立方千米的降水量落于地面，成为被植物吸收的农业用水、土壤水和河湖及部分地下水的水源。

地球上的水有14 500亿亿立方米。其中各类水的比例是：97.2%是海水，淡水只有2.8%。淡水中的大部分为固态，在地球的南北两极，约为2.15%；淡水的一部分液态水为土壤水和地下水及大约25毫米的大气的即时水；可供使用的地表淡水只有0.1%，而且不断被用掉和污染了。地球上液态淡水约只有0.65%，各部分的比例是：湖0.009%、河0.001%、土壤0.005%、地下0.62%、大气即时水0.001%强，合计约0.64%。

就那么少的淡水，而且大气中全球平均仅有25.3毫米的即时水，怎么成为陆上活动水的“源”和“汇”呢？大气是空中水库。水汽集中在对流层中，主要在距地面3千米高的范围内。近地面层水汽较多，在1～2千米的高空仅为地面层水汽的1/2，到5千米高空就只剩地面层水汽的1/10了。通过蒸发和植物蒸腾每年有57.7万立方千米的水进入大气。大气中全球平均的即时水量25.3毫米，但具体到不同地区则有很大差异。而且因为陆上水分的循环是靠蒸发（含植物水分蒸腾）、水汽移运及水汽凝结、降水、渗透、径流、被植物吸收等来完成的。许多次的循环则降水量等于许多个 25.3 毫米即时水之和。蒸发、植物蒸腾的水分和移运来的水汽都汇于大气中；地表水的移运包括径流成的河湖的水、渗透成的土壤水和地下水、被植物吸收的水等都是源于降水。也可以说大气水和地表水互为“源汇”。

第二节　大气中水的利用——人工降水

一、充分利用大气中的水

（一）水汽是云雨之源　人们对地面水比较重视，也比较熟悉；但是对大气中的水却了解得不多，重视得不够。

降水源于大气中的水汽。地面水与大气水通过降水和蒸发（包括植物蒸腾）进行水分循环。研究大气中的水分对于农业发展、对于抗旱和开发水资源具有重要价值。

西部地区缺水最严重的是西北，西南的水资源还不缺乏。这种分布不仅是地面水，空中水也大致如此。因为西南部受世界最高的高原和西南气流的影响暖湿气流可深入此地，甚至造成华西秋雨、“雅安天漏”和贵阳的“天无三日晴”；而西北地区则受内陆大陆气候影响，较为干燥。

从大气中水的平均含量来看，全球全年平均为 25.3 毫米，平均每年更替 44 次。有资料显示，我国北方全年大气中水的平均含量大约为 18 毫米（西北地区冬季可能更少一些，但是夏季则远多于此数），南方全年大气中水的平均含量为 80 毫米。从年降水状况来看，如果东南部地区降水 1 000 毫米，则要循环 13 次；而西北地区若降水 400 毫米，则会循环 23 次或者更多一些，可见内陆水循环次数更多。就是说，可通过增加水循环次数（比如运用人工降水）来增加内陆的总降水量。

从全球水循环来说，据水文资料统计，每年全球大约有550万亿立方米水（取黄万里的《工程水文学》与《大百科全书》数值的平均值）蒸发到大气中。地球表面积大约5.1亿平方千米，平均每平方千米上空有108万立方米水汽。大陆面积占地球表面积的30%，其上空有165万亿立方米水汽（其中包括大陆本身蒸发的大约70万亿立方米水汽）；海洋面积占地球表面积的70%，其上空有385万亿立方米水汽。实际上大陆的降水只有全球降水的1/5多一些，大约有110万亿立方米水。就是说，每年经过（和覆盖）大陆上空的水分又有55万亿立方米从空中流走了。当然，大陆这110万亿立方米左右的降水中，有40万亿立方米水是通过大气运动从海洋移运到大陆上空的。大陆上仅仅利用了大气运动从海洋移运到大陆上空的水的一部分，它仅为海洋总蒸发量的8%左右；而那92%的水汽，还是又降落在海洋上了。

笔者统计了手边20多年的资料，对我国东南部地区和西北部地区的降水、湿度等进行了一些比较。西北与东南的巨大差异，主要是在冬、春季，而夏季的差异相对较小（表3-1）。

表3-1 我国东南部地区与西北部地区的降水量比较

地区	全年降水量（毫米）	不同季节降水量（毫米）			
		夏季（雨季3个月）	占%比	5～9月份	占%比
福州	1328.2	416.0 (486.2)	31.3	696.2	52.4
上海	1128.5	404,3 (415.0)	35.8	544.3	48.2
南京	1026.1	404.6 (435.6)	39.4	501.9	48.9
兰州	331.9	195.9	59.0	268.9	81.0
西宁	371.7	213.0	57.3	310.2	83.5
天水	552.9	295.9	53.5	421.6	76.3
乌鲁木齐	572.7	294.4	51.4	423.1	73.9
克拉玛依	114.4	67.9	59.4	84.3	73.7

由此表可以看出我国的季风气候，内陆更甚。夏季(雨季)3个月的降水，东南部地区在400毫米以上，占全年降水的30%～40%；西北部地区一般在60～300毫米，占全年降水的50%～60%。若以生长季节5～9月份计，则东南部地区一般为500～700毫米，为全年的30%～40%；而西北地区一般为80～450毫米，为全年的73%～85%。年降水量400毫米以下的地区夏季和生长季降水所占比例更高，不少地区在250毫米以上。西北地区雨、热同季的优势更显突出。当然，就是夏季和生长季的这些降水相对于需求也还不够，但是比想象的要好。

西北地区夏季降水比例大的优势还可以扩大，增加夏季降水不无可能。

西北部地区与东南部地区空中水的差异，夏季远小于冬、春季。夏季平均空气相对湿度：东南部地区为80%以上，西北部地区一般也可达70%以上，相差仅10%～20%；冬、春季则西北部地区与东南部地区相差达30%～50%。全年平均云量(全天空布满云则云量为10，天空无云则云量为0)，东南部地区为7左右，西北部地区为5左右；夏季云量西北部地区与东南部地区的差异更小。从卫星云图可以看出，大范围的系统云系从西向东(或东南)移动，我国西北部地区也被大量云覆盖。有时因下垫面条件等原因而使某些云抬高些、变薄些，使降水减少一些；过去有人认为多高云、薄云，其实那是在冬半年。这说明西北部地区比南方仍具有开发空中云水资源的很大潜力。

(二)充分利用大气中的水汽进行人工降雨(雪) 由大气层从空中运送到大陆上空的大量水汽，以及大陆本身蒸发的大量水汽，使夏季北方地区上空有和东南部地区数量差的并不太多的水汽和云；由于自然条件等原因，自然降水偏少，实际上还有不少的水汽和云未被用为降水。为什么不好好利用大气带给内陆的水汽和云，使水分多进行几次循环，通过各种方法(包括人工降雨)让它多降些雨呢?

大西北的冬季寒冷而干燥,春季干燥多风,春季的水分供应极差,土壤底墒也很差。冬、春季节空气十分干燥,大气中的水汽很少。但是冬季有时也有大片云系,可抓住一切机会进行人工降雪。新疆维吾尔自治区曾成功地进行了若干次人工降雪。降雪不仅能增加地面水分,而且可减少土壤水的丢失,所以人工降雪值得提倡。

人工影响局部天气在我国历史上几百年前早已有之。1958年我国在吉林省开展人工降雨室外作业,并陆续在全国各地进行室外作业。

20世纪80—90年代,新型碘化银焰弹的出现,为人工影响天气提供了更多成功的可能,人工影响天气室外作业的效果得到更进一步提高。

人工增雨是用高炮或飞机把碘化银或干冰等凝核催化物带入云中,促使云层降雨。人工增雨作业已被广泛应用于抗旱。例如,1988年河南省抓住有利天气条件进行飞机人工增雨作业,解除了大部分地区的春旱;同年7～8月份湖北省出现了1949年以来最严重的高温干旱,飞机作业增雨率达56%,解除了旱情;浙江、吉林、宁夏、内蒙古、陕西、安徽等省、自治区实行飞机人工增雨效果都很好。江苏、海南、湖南、云南、辽宁、重庆等省、直辖市以高炮作业进行人工增雨,效果也很显著。湖南省559次作业,有531次比对照区增加降雨84毫米,增雨率达1倍以上。

二、巧用降水,节约水源

降水对于农业特别重要,是当前农业用水的主要来源,也是农业最实惠的自然资源。但是由于我国大部分地区处于季风气候区,降水的季节变率很大;年际变率也很大,所以怎样巧用降水,大有学问。

我国农民在长期的生产实践中认识到某些作物的需水关键期和雨季的规律，通过调整播种期，使作物的需水关键期和雨季一致。例如，玉米的需水关键期是“大喇叭口”时期，也就是“抽雄”前。如果雨季（多雨期）正好在这个时期，则玉米就会丰收在望；如果“大喇叭口”时期长时间无雨就会减产。同样，“麦收八十三场雨”。也就是说对于小麦来说要用好农历八月的雨来播种小麦，农历十月的雨有利于小麦越冬，翌年农历三月的雨正好是小麦拔节的需水关键期。

依据各地降水的气候特点和各种作物的需水特点来调整和安排作物的时间和空间布局，当然也是巧用降水的一个方面。例如，水稻主要分布在我国南方，而农历八月、十月和翌年三月降水保证率比较大的地方，宜安排冬小麦种植。

准确的长、中、短期天气预报和及时的服务是巧用降水和抗御旱涝灾害的关键信息和重要的决策依据。

农业用水关键期进行人工降水。利用现代科学技术，抓住有利时机，通过人工影响局部天气，使汇于大气层的空中水分按农业需要降落到需水的陆地表面。实际上是增加了水分循环，增加了活动水量。目前各地已在抗旱救灾、水库蓄水等许多活动中得到了极大效益。因此，进行人工增雨已被各地政府作为重要的抗旱措施。

改变或调节水分循环的某个环节（蒸发和蒸腾、控制径流、催云化雨），使之加强局地水分循环，增加降水、减少当地蒸发，这是巧用水、提供农业用水的重要战略思想和措施。兴修水利、筑坝增湖，可以增加上游蒸发量，减少下游径流量，即改善了水分循环，从而增加了流域内的活动水量，就是对水源的节约。

更要很好蓄存降水（包括雨雪），特别是降水较多时的降水，以备需水时用。在丘陵坡地建水塘、水库蓄雨水；在西北干旱地区修水窖，既能贮蓄雨水，又能减少水分蒸发。像新疆等地的水窖再加坎儿井就是不错的例子。兴修水利、筑坝增湖,也是保蓄降水、巧用降水的措施。

发挥森林植被护土保墒的作用,特别是森林对蒸腾的贡献也有极重要的意义。我们知道,森林对水循环的贡献甚至大于水面,热带森林的贡献可达同面积水面的3倍。所以,造林是重要的保水、抗灾、改良小气候的绿色工程,对水既是开源又是节流。

第三节 土壤水的利用

土壤水分是农作物用水的直接来源,是农业气象学研究的重要内容之一。土壤水分的多少是进行农业灌溉和实施有关耕作措施的依据。所以关于土壤水分的情报和预报对农业生产有重要意义。

一、土壤水的季节变化与农业生产

(一)土壤水分季节变化规律的研究 以北方旱地的土壤水分为例。据北方(北京)旱地典型田块的4个点,1米深土层每隔10厘米取1个土样,每旬测1次,周年不断,几年的分析结果得出如下季节变化的规律。

1. *土壤水分高峰期* 7月份至8月上旬是北方的雨季,也是土壤水分含量最高的时期,但是这个高峰期比降水略滞后。

2. *土壤水分大量丢失期* 8月下旬至9月份是土壤水分大量丢失的时期。因为这时气温还不低,而雨季又过,空气湿度下降,所以蒸发量较大,同时土壤水向下渗漏,所以是土壤水分明显失墒期。这与华北地区的谚语“七月八月(农历)地如筛”相一致。

3. *稳定失墒期* 10月份至11月上旬前后是稳定失墒期。此期已是深秋季节,温度明显下降,土壤水分蒸发渐缓,但是仍在稳定失墒。要利用此期土壤墒情尚好抓紧播种冬小麦。

4. *土壤水分变化转折期*　11月下旬至12月上旬，土壤水分变化从相对稳定失墒较快地转向稳定缓慢失墒，而且由于土壤表层温度已较低，所以深层土壤水分开始向上运行；待发展到下一时期，深层的水分向冻土层及其以下移运，所以要赶在立冬至小雪，即“小雪封地，大雪封河”之前浇冻水（封地水），以使土壤上层形成冻土。

5. *表层稳定缓慢失墒而耕层及其以下水分增加期*　12月中旬至翌年2月末，土壤表层稳定缓慢失墒，而耕层以下土壤水分明显增加。这是因为随着北方“小雪封地，大雪封河”，土壤表层封冻，所以蒸发失墒已很缓慢。而土壤深层温度相对较高，液态水和气态水都向上层移动，而且上面冻土层下的饱和水汽压力较低，冻土冰面的饱和水汽压力更低，所以下面来的水汽就会移来并且在冰面及附近凝结为冰或液态水，在30～50厘米土层内逐渐形成一高湿层。这一时期是北方土壤水分的调节期，对抗御春旱非常重要。

6. *上层增墒期（翻浆期）*　3月份土壤表层开始化冻，但到夜间或有冷空气袭来又冻上，叫做“冻融时期”。这时冻土层还没化透，即“惊蛰一犁土”。表层的土壤水分渗不下去，出现“翻浆”的情况。此时期为减少土壤表层的水分散失，可以进行“顶凌耙地”。既可破坏土壤表层的毛细管，减少土壤表层的水分散失；又可使地表导热能力减弱，从而减缓由上而下的解冻速度，而不影响由下而上的解冻速度。所以顶凌耙地是一条很好的保墒措施。

7. *快速失墒期*　3月下旬至4月上旬，这时土壤已经解冻。解冻是从上、下两面进行的，深层较高的地温会使冻土从下面融化，形成一个湿中心。但是冻土解冻后“春分地气通”，上层的水分蒸发，耕层以下的水分则向下渗透，而且这时春耕春种也开始，土壤失墒很快。所以要抓紧“清明前后种瓜点豆”，播晚了墒情就不好了。

8. 明显失墒期　4月下旬至5月中旬，土壤墒情已显不足，晚春作物当争日抢墒播种。

9. 土壤干旱期　5月份至6月上旬，土壤水分较少，表层干土在向下发展，土壤水更显得特别重要。时值三夏大忙时节，虽说"芒种不可抢种"，但那是指春播作物；而夏播作物则要抓紧墒情进行抢播，由于土壤墒情更不如春季，所以"春争日，夏争时"争时更为突出。

10. 不稳定期　6～7月份雨季前，土壤已比较干旱，又是三夏大忙，又值雨季之前，有时有雷阵雨出现，可使表层土壤水分不稳定，但仍以缺水为主，而且深层土壤水分持续较低。所以，夏收作物是"龙口夺粮"，夏播作物更要抢墒播种。

接下来又是雨季土壤水分高峰期。

以上是北方有冻土地区的土壤水分季节变化规律。

水分循环认为土壤水分的更新期为1年。这与以上研究也是一致的。

（二）土壤水分季节变化规律的应用　土壤水分季节变化规律的研究已被用于北方的灌溉。最重要的一点是浇封地水。北方冬季封冻季节，土壤深层的液态水和气态水因饱和水汽压远比上面的冻土层及附近的饱和水汽压要高，所以水分向上面的耕作层及其以下附近移运。到春季，耕作层及其以下土壤水分比封冻前的土壤水分还要多。如果冬灌配合进行镇压、耙耱，使表层形成较好的保墒层（保护层），则效果更好；若无灌溉条件，封冻前进行镇压、耙耱，使表层形成较好的保墒层，也能使深层水分向上层移动。所以，封地前浇封地水，或者进行镇压、耙耱，是开发利用土壤水分，使春季增墒、增强春季抗旱能力的好办法。

二、土壤墒情的变化与墒情的利用

（一）土壤墒情的变化规律　土壤水分的变化，因为有土壤的涵蓄和保护，所以与水体不同。特别是有团粒结构的土壤，其涵蓄水分的作用更强。为了减少耕作层土壤水分的丢失，就要中耕以切断土壤的毛细管，减少耕作层土壤水分的丢失。

大量田间调查发现，土壤水分以厘米土层深度为单位的垂直分布，在3～5 厘米处有一个陡然的转折。在干旱时期，表层不板结(即表层松散)的土壤，一般在 5 厘米以上已经成为没有多少水分的干土层，而 5 厘米以下仍然湿润，甚至手握土壤可成团。这种状态会持续好几天。但是如果时间一长，干土层深度突破 5 厘米左右这个转折点，则干土层迅速向深层发展。

(二)土壤墒情的利用　土壤墒情变化特点为我们进行中耕和进行耙地提供了根据，而且要在浅中耕后过一段时间还要进行深一些的中耕，这为我们“开沟播种”巧用墒情提供了依据。

前文所讲的全国劳动模范吕和同志“看墒情定播种方法”的经验就考虑了利用干土层下的墒情进行“引墒播种”。其中还有深(厚)覆土、减少蒸发，以充足的水分保证种子萌发，待种子发芽后再耢去较厚的覆土，以提高地温，保证种子顺利出苗。

由于土壤的结构特点，表层、中层与深层互为表里，是有机整体。根系所在层干旱时会有深层的气态水甚至膜状水补充过来。所以，实际农田中作物的凋萎湿度比盆栽试验所得到的凋萎湿度要低得多。

第四节　农业珍惜用水七则

增水和珍惜用水是旱地农业区的常规生产和设法增产的重要农事。

珍惜用水措施很多，当然不外开源、节流，也可以说是开源、蓄存、节流。开源，增加农业用水(主要是地表水，特别是耕作层及附近的水)的来源：开发空中水、地下水、土壤水。节流：蓄水、节水灌溉、巧用水、保墒等。珍惜用水、开源节流主要有 7 个方面。

第一，开发空中水。要特别重视大气层中水资源的开发。人工催化增雨、增雪是经济有效的重要举措。空中水资源有较强的再生性，人工催化增雨（雪）增加了陆地水分循环，从而增加降水总量。通过人工地面作业，用炮击或小火箭等，或者用飞机作业，把凝结核（碘化银、干冰等）打入或播入云体高度使之产生降水。

第二，适当用地下水。打井和研制高效提水工具以开发地下水源，使部分地下水变成地表水。但是要注意不可过度提取地下水。

第三，开发深层土壤水。利用冬季土壤水分调整来开发利用土壤深层水分。冬初大地封冻前灌水可使土壤表层结冻，减少耕作层水分丧失；又可使深层的土壤水分向温度和饱和水汽压较低的冻土层移动并在附近凝结，使深层移来的水分保持在耕层附近。所以，开发土壤深层水的措施是冬灌和耙耱。

第四，蓄水。①修建水库、水坝、水塘、水窖等进行蓄水，为以后需要灌溉时使用。②西北地区有“坎儿井”蓄水法，并通过上路下渠等措施减少水面蒸发，防止水污染，保护水资源。③有的地方还有一种“池田”，可以蓄水种植、养殖，还可用以浇邻近的田块。

第五，节水灌溉。节水灌溉包括 2 个方面：一是根据农作物的类型、发育期、需水关键期和需水量等，在需水关键期根据需水量浇水，把水用在“刀刃”上。例如在小麦拔节期、玉米抽雄前期等需水关键期进行灌溉，效果最佳。还要根据墒情安排灌溉时间和灌溉量，既节约用水又不降低产量。二是运用节水灌溉方法，尽量减少水的浪费，使水尽量被作物利用。改过去的沟渠漫灌为管道灌溉、喷灌、滴灌和渗灌等。坐水种植等也是节水灌溉。

第六，巧用墒情和水分。①抢墒播种。春季中后期，土壤解冻“地气通”以后，土壤水分被上蒸（发）、下撤（渗漏），很快墒情变差。北京地区就有“清明前播种则‘土抱籽’，清明后播种则‘土不抱籽’”的经验。意思是清明前播种土壤墒情比较好，土可以粘到种子上；而到清明后土壤墒情变差，土就粘不到种子上了。所以要抓紧这段时间进行春耕、春播，抢墒播种。②看墒播种。“看墒情播种和安排农事”和“看墒情定播种方法”。例如初春墒情最好时播种需水最多的作物，随着墒情变差播种需水量小的作物；根据墒情的具体情况决定用直播（耧播）、点播，还是“压老沟”等。③实行等高种植。如梯田、等高垄、鱼鳞坑、水平条等。

第七，保墒保水。“保”墒。采取各种措施保蓄水分、减少土壤水分的蒸散是各项保墒措施的核心。保墒的具体措施有以下几项：①镇压。可压碎较大的坷垃，减少土壤上层的大空隙，减少水分向大气散失；还可接通下层土壤的部分毛细管，有利于下层水分升到耕作层。②耙、耱。是用耙和用荆条、柳条做的盖来处理土壤表层。可破坏土壤表层的毛细管，从而减少水分散失。③中耕。可切断通向地表的毛细管，减少土壤水分散失。根据不同的墒情和干土层进行不同深度的中耕、再中耕，可有效控制土壤水分。④顶凌耙地。冬末春初要注意保蓄“返浆期”和解冻期的土壤水分。办法是：一要顶凌耙地，二要抓紧播种，三要及时浅中耕松土保墒。⑤春播深（厚）覆土，几天后重耢。这是保墒和保证出苗的好办法。⑥进行地膜覆盖和施用土壤增温剂都可减少土壤水分的散失。进行保护地栽培，实施“白色工程”也是提高产量降低水分产量比的好办法。⑦培育保水保肥的土壤。施用有机肥，包括农家肥、绿肥、秸秆还田等以改良土壤，增加土壤的团粒结构，增强土壤肥力，从而增大田间持水量，增强土壤的保水能力。

第四章　种是依据，气象是条件

第一节　气候与作物品种布局

一、农业气候资源是品种合理布局的依据

优良品种是农业增产的内因和依据，而气象条件则是使种子发挥增产效能不可缺少的外界条件，也是培育和影响品种质量的重要因素。2 000 多年前我们的先民就知道“橘子种在淮水以南是又大又甜的橘子，种在淮水以北则变成又小又苦又涩的枳子”。优质高产的农作物宜在何处种植，现行的农事制度和作物品种布局对农业气候资源利用得是否充分、合理及应当如何调整，各地气候资源适于进行哪些农业开发，农业要发展就必须回答这些问题。而要回答这些问题就必须研究农业气候，合理开发利用农业气候资源，依据农业气候区划和农业气候资源调查来规划农业和作物品种布局。这对于我国这样一个以农业为基础的幅员辽阔的大国非常必要，而且具有特别长远的意义。

合理开发农业气候资源，为作物的合理布局和优化农业结构及进行农业规划服务，为农业优质高产高效和各地优势农业发展提供依据。在 20 世纪 60 年代和 70 年代农业气候区划和农业气候资源考查的基础上，国家气象局按照国家统一部署，组织进行了国家、省和县三级农业气候资源调查和农业气候区划工作，提交了农业气候图集、资料集以及开发利用对策等大批成果。还组织我国亚热带丘陵山区农业气候资源及其合理开发利用研究。通过对

15 个省（自治区）内的 17 个山系进行定位监测、实地考察，基本摸清了亚热带丘陵山区气候资源的立体层次性，提出了发挥气候优势、因地制宜建立商品生产基地的开发原则。国家计划开发的黄淮海地区、三江平原等商品粮基地的作物品种安排都考虑了农业气候。

例如《全国农业气候资源和农业气候区划》体现了我国的主要农业气候特点，与相对于同纬度其他国家和地区的农业品种布局有所不同。

第一，夏季偏热冬季寒冷，使一年生喜热作物种植界线偏北，而多年生越冬作物的界线偏南。所以，生长盛期喜热的作物水稻在我国最北的黑龙江可以栽培。而冬小麦的北界则偏南，华北最北部和东北大部只能种春小麦。

第二，生长期热量条件南北差异小，不仅一年生喜热作物（如水稻等）种植偏北，而且有利于进行复种。

第三，雨、热同季有利于充分发挥气候资源的生产效力。如能充分利用这一气候资源的潜力，发展喜水喜热的高产优质作物，将产生更大的经济效益。

第四，气候类型多样，有利于发展多种多样的农业。由于横断山脉的作用等以及小气候和地方气候的利用，使我国云南省的橡胶可以种植到北纬 24°甚至 25°、海拔 400 米以下的地区；而世界上其他地区的橡胶种植最北只能种植到北纬 17°以南，北纬 17°以北为“植胶禁区”。

第五，一些重要农业气候要素的年际变化大，农业气象灾害多。这就要求作物品种的抗逆性较强，比较耐旱和耐涝。当然根据天气气候变化而进行的农事管理也要跟上。

二、优良品种的引入与推广须视气候条件而定

某优良品种可以推广到哪些地区、某地可以引入哪些优良品

种，往往是气候条件决定的。可以说对气候条件的了解是推广良种、引入新品种和改善作物品种布局的前提。例如水稻可分南方型、北方型，南方型又可分早、中、晚熟不同品种。黑龙江省为做好农作物品种布局区域化，根据积温高低把全省分为6个积温带，依据气候条件选用适合品种，可以减免低温霜冻危害。还有一些省份也根据农业气候条件搞了品种区域化。

目前，有一些地方不考虑农业气候资源情况，乱种优良品种，结果有的就失败了。人们会感到有些水果不如原来好吃了、有的西红柿味道变了，这里面有管理问题，也有不考虑具体地方的农田小气候的原因。良种优良性状遗传是在环境处于原有的正常范围之内才能保持稳定的。所以有的地方把名特优品种向气候条件不适宜的地区种植而造成质量下降者有之。因此，农业气候区划和农业气候分析，应当有最佳条件分析和最佳区域等内容。

第二节　气象与良种培育

作为良种，第一要具有丰产性，第二要具有稳产性，第三要具有地区适应性。所以任何良种的培育、制种都需要考虑气候条件，要使种子对气候条件具有适应性。例如，我国农民育种家选育成的矮脚型水稻矮脚南特、珍珠矮等品种在我国东南沿海各省大受欢迎，就是因为它具有抗台风、不倒伏的优点，产量也比较高。许多有实践经验的育种家在进行个体选育时，并不只是选那些穗大粒饱者，还选那些经风雨而未折、历寒冷而未衰的植株。

一、气候对品种的影响

气候对品种的影响是巨大的，甚至影响着生物进化的进程。200多年前法国生物学家拉马克就提出了生物随环境不同而变化的理论，后来英国生物学家达尔文的《物种起源》创立了以自然选择为基础的生物进化学说。后经前苏联学者米丘林进一步完善，指出自然选择的对象是一定变异、不是不定变异。这些都从理论和实践方面极有力地说明气象条件对物种的重大作用。20 世纪 50 年代以后人们对细胞内染色体的“复制”、“转录”、“翻译”和“突变”等有了深入了解。近年来分子生物学可以把影响遗传的信息从 DNA 分子某段上切下来，接到另一分子上面，从而改变和创造新的物种，这就是当今的尖端科学生物遗传工程。但是不管是怎样产生的变异，都必须能适应现实的环境和气候条件，否则就会被淘汰。因为我们知道物种的进化，第一是变异的发生，第二是自然对变异的汰劣留良。由气候等环境条件引起的生物的变化——生物的获得性，虽不能直接遗传，但是对生存有利，所以会受到自然选择的保存。因此，获得性在物种进化中的积极意义是不可否定的。

二、品种驯化和培育

各地在推广新品种时常采用先试验、示范，然后再大面积推广三步走的做法，其中就有观察品种的实际适应性的意思。园艺家米丘林向更寒冷地区引种良种苹果（其实是培育耐寒品种的苹果），是通过若干年用寒冷逐步驯化的办法，把 600 克重的优质苹果安得诺夫卡变成耐寒的新品种苹果的。

气象条件对于品种的积极意义在于生产。例如已被广泛种植的杂交水稻产量高，但是只有利用第一代杂交优势能获高产，第二代就不能高产了。所以每年都要重新制种，其制种问题就是个农业气象问题。因为父母本的花期不同，所以就要认真分析气候条件和父母本生长发育与气象条件的关系，通过不同播种期的安排，调整父母本的生长发育，并对各发育期进行预报，设法使父母本的花期相遇，来得到第一代杂交水稻的稻种。

第三节　种子及其处理与气象

一、种子与气象

种子与气象有关表现在很多方面。种子的形成,有的作物如小麦等的授粉靠风媒,还有不少植物是靠风来传播种子的。风就成为种子形成后代和传播后代的必要条件。

二、种子处理与气象

种子是高产优质的依据。但是要保证农业丰收还要对种子进行处理,而这些处理一般都与气象有关。至于种子的晾晒风干、贮存保管、运输、适时播种等,天气气候条件和各项气象服务都是其必要条件和增产的保障。对种子的处理办法很多,归纳起来有以下几点。

(一)提纯复壮　高产优质高效农业还要求对种子提纯复壮。因为优良品种的优良品质的的遗传是会产生一定变异的,所以要选择那些优良的种子做种。要在类似原产地的气候条件下进行提纯复壮。

(二)晒种　太阳光对种子的作用很大,不只是使种子干燥便于贮藏,更重要的是太阳光对种子的生理作用。

1. 可见光的生理作用　包括激发种子内的酶的作用。也就是催化完成萌发前的一系列变化,即是“后熟”作用。例如,红小麦、粳稻等要完成后熟作用才能萌芽。完成后熟作用的种子,发芽率能提高近10%,生活力也大大增强。

2. 太阳红外线的作用　太阳红外线不仅产生热力,使种子降低含水量,便于保存,而且使种皮的透气透水性变得更好,播种后可以更快更好地吸收水分,有利于发芽出苗。

3. 紫外线的作用　紫外线可以杀死病菌，给种子消毒，减少作物病害。紫外线还有促进种子新陈代谢的作用。试验表明，用紫外线灯照射春小麦、水稻等种子（照射距离 25 厘米）10 分钟再播种，发芽率提高 20%～35%；紫外线灯照射玉米种子 30 分钟再播种，可增产 30%。

晒种最好在下种前，选几个好天气，于上午 10 时至下午 16 时连续晒 3～4 天。要注意，热天晒种最好不要在水泥地或石板上，以免烫坏种子；大豆、花生等最好不要在烈日下暴晒，以防爆裂，而应当把大豆连同秸秆一起晒干后脱粒，花生则在中午烈日时收回。

（三）浸种催芽　浸种催芽是种子处理的常用办法，可提高种子发芽率；浸种催芽结合坐水点种也是抗旱保苗的有效措施。

（四）药物拌种和药物浸种　有的是以防病虫害的药物拌种和浸种，以防病虫危害；有的是以有抵抗和预防某种农业气象灾害的药物拌种和浸种，如以阿斯匹林浸种或以矮壮素拌种都可增强抗旱和抗御干热风的能力。

（五）种子包衣　种子包衣是以高分子吸水树脂等包裹在种子外面，给种子穿上一层衣服。包好衣的种子播种后，那身“衣服”的强大吸水力就帮助种子吸收大量水分，供种子萌发、出苗。这是目前比较受欢迎的抗旱播种的办法。

（六）用激光、同位素等处理种子　以激光、同位素等物理方法处理种子也可提高种子发芽率和增强抗逆性。

（七）太空处理种子　从人类进入太空以来，已不只一次把种子带入太空，利用太空辐射照射种子。因为地球大气有阻挡太空辐射的作用，所以难以进行这项处理。经太空辐射照射的种子，在地球上种植后，一般都果实大、产量高。

第五章 合理密植复种，充分利用光热资源

第一节 合理密植增产

密植就是充分利用空气和阳光。

空气、阳光是植物进行光合作用的原料和动力，在适当的温度条件下，农作物通过光合作用把空气中的二氧化碳和水分合成有机物，并由水和土壤中的矿物质转化为各种有机物。

充分利用空气和阳光搞密植，不等于越密越好。在20世纪50年代有人看到农业“八字宪法”中有个“密”字后就形而上学地加大密度，结果弄得田间很郁蔽，作物贪青、倒伏、病虫害严重，致使歉收。“大跃进”年代，有的领导为了“放卫星(高产)”，以密植为由把13 340平方米(20亩)灌浆期的水稻拔起，堆到667平方米田里，然后再收割，算是667平方米田的产量。结果水稻灌浆不好，实际总产量还不及过去常年单产和总产量的1/2。这就是虚夸风再加上不懂“密要合理”的后果。

密植合理——重要的是叶面积系数。如何“密”才算科学合理呢？原则上是自然条件、作物生长发育规律和耕作栽培措施三者的统一，既要密度高，又要通风透光好，通过水肥管理达到高产。在水肥条件基本满足的情况下，光、热、气就成为密植和提高复种指数的主要矛盾。据科学试验，多数农作物在叶面积系数为3～5(即叶面积是种植面积的3～5倍)时对太阳光能利用最充分，当然

不同品种作物的最佳叶面积系数也不同。如果群体的叶面积系数不足则造成光热资源浪费；而群体叶面积系数过大则群体内部光照不足、通风也不好，还易发生病虫害。

具体密度如何，还要结合不同作物及品种的生物学特性和当地的实际条件来确定。

我国作物生长期热量条件南北差异小，有利于一年生喜温作物在更广泛的地区种植。雨热同季有利于充分发挥气候资源的生产效力。

“密植”包含 2 个方面的内容：一是在一定空间加密种植，通过增加密度合理密植、进行间作等措施来增加作物叶面积，使叶绿素截获更多的阳光，增加根系对水肥等资源的吸收面积，力争一季高产；二是在一定时间（如一年或一个生长季节）内加密种植，通过育苗移栽、套作、复种等充分利用光、水、空气、热量、肥等自然资源，提高土地在时间上的利用率，力争全年多收。

第二节　提高复种指数

一、节约农时，减少农耗

提高复种指数同样要以充分利用光热资源、减少资源浪费为原则。复种指数高一般来说可以增加对资源的利用而增产增收，但是复种指数高则种、收次数多，因为苗期叶面积系数小、成熟期叶功能下降及收和种时的农事操作等使田间出现绿色空白，从而使光热资源利用不充分。应当是在作物一年的生长期内逐日的有效叶面积系数累加值大为优。但是因为叶面积系数＞5 则于光合作用无益，所以≥5 者皆以 5 计，进行日有效叶面积系数累积。为了保证全年有较高的叶面积系数，所以要尽量减少收、种所耗的农时和减少苗期所占大田的时间。

我国几千年来积累了丰富的间套种的经验，以充分利用光能、热能、水分、空气和地力。实践中常采用高、矮作物间作，可以充分利用二次反射光照，使群体立体用光，利用边际效应。对不同生长期的作物进行套种可以增大日有效叶面积系数累积值，较充分地利用全天光照和提高全年光能利用率，还可以改善整个群体作物的通风透光状况。

在具体操作中许多地方总结出：实干苦干抢季节，利用机械争季节，合理布局保季节，不同成熟期的品种进行合理布局和搭配、二段育秧补季节，使大田尽量长的时间保持较大的叶面积系数等一系列争时间的办法，以加密作物在现有空间和既定生长时限内的“密度”，以充分利用光热等气候资源。

二、进行套种

各地在充分利用气候资源、常年保持较大的叶面积系数以获取尽量大的生物产量方面有不少新的做法和体会。一是在绝不放松粮食、棉花生产的同时，在因地制宜地发展大农业的原则下，使高秆与矮秆、早熟与晚熟、喜阳与喜阴、直根与须根等特性不同的作物进行间作和套种；二是充分利用农时，把生长期中“春旺”与“夏旺”的作物套种，把“夏旺”与“秋旺”的作物套种，这样错开作物旺长时期就可以充分利用农时，充分利用光热资源。例如棉、麦套种并实行高低垄种植。棉在垄上光照好，通风透光，土温高，湿度小；麦在低垄水分足，浇麦时更可做到明浇麦暗浇棉。南方水田的二水一旱种植法及苏州一带的育秧多熟种植法等都是比较实用的加密种植法。四川省成都平原在加大生长季内种植密度(提高复种指数)时，不仅考虑总热量的利用，还考虑作物生长后期多秋雨、光照不足、易遇低温影响作物花期授粉和籽粒灌浆造成秕粒等因素，根据具体地区的实际情况，灵活实行双季稻、一稻一麦或一稻一菜、一稻一肥(绿肥)并行，进行稻套冬小麦、稻套菜、稻套肥(绿肥）。这些做法均可使农业增收、增效益。

第三节　因地制宜加密空间时间的作物安排

一、充分利用气候资源合理加密复种

我国夏季气温高，所以使生殖生长期要求较高温度的水稻可以种植到黑龙江省北部；生长期内（一般是夏半年）热量条件南北差异小以及雨、热同季等特点，使我国复种指数高于世界上同纬度地区。

农林作物气候区划是以农林作物与气候关系为基础，考虑作物产量及品质，按气候适应性进行区划。可指导农林果业的合理种植。

畜牧气候区划是通过鉴定牧草生长发育气候指标和草场气候生产力及家畜生态适应指数来划分不同生态气候型，并结合牧事活动的气候指标进行分区的。可指导农牧和牧业载畜量等的合理搭配。

二、因气候条件制宜改革种植制度

在农业气候资源调查和农业气候区划的指导下因地制宜地改革耕作制度，更科学合理地从时间和空间上合理加密种植。例如，在可能的地方变一年一熟为一年二熟或者二年三熟，有的可以变二年三熟为一年二熟，有的二年三熟和一年二熟地方也可以种植双季稻等。

在许多地方，如一年二熟的不少地区为充分利用冬季农业气候资源，用加密种植来发展蔬菜或者发展绿肥。

根据农业气候资源还可以设立某种作物的最佳种植区。

种植制度气候区划，就是根据各种种植制度对气候的要求，考虑尽量提高气候资源和土地的利用率，并注意用养结合、农牧结合等，而且还展望各种种植制度的潜力而进行的农业气候区划。例如，名特优产品开发和最佳种植区确定，利用山区气候资源或季节气候资源种植反季节蔬菜、药材、小杂粮和稀有农作物，利用地区农业气候资源进行适宜的农林牧副渔开发和农工商综合开发等都产生了很好的效益。

第六章　气象与保农减灾

“气象工作是保护人民的，首先是保护劳动人民的。”这是周恩来总理指出的气象工作的根本目的和作用。最近党中央和国务院强调“做好气象测报工作对农业减灾增收有重大意义，要加强气象防灾减灾骨干工程和基础设施建设，增强气象为农业服务的能力。”

气象是农业协调的与植物、动物、生物相对应的另一方，所以气象对于农业生产既是生产过程和产量形成不可或缺的要素，又是抗灾保护农业的重要方面。据统计，在我国自然灾害中气象灾害居首位，占所有自然灾害的70％以上，旱、涝、风、冻、雹等各种农业气象灾害对农业影响巨大。所以，这里虽然也是一章，但是内容和分量比较重。

减灾，一是预防，二是抗灾，三是减灾，四是救灾，五是恢复生产。从预防到救灾和恢复生产的每一环节都离不开气象。在农业生产中要防灾减灾，一是要知灾，知灾才可以防和抗；二是要预报警报；三是要有防灾措施；四是要“晴天开水道，以防暴雨时”。对于预报，虽然预报是可能性预报，但是是更大可能性，所以宁可信其有，来做好防备工作。

第一节　旱涝危害及减灾

一、抗旱减灾

（一）干旱概述　干旱和雨涝是我国乃至世界范围内的主要自

然灾害。据美国卫星的观测结果，世界20%的土地被干旱所困。

我国大部地区属大陆性季风气候，降水量分配很不均匀，而且年际变率很大，如果降水不足则可造成农业干旱，降水过多则又可能造成洪涝灾害，所以旱涝灾害频繁。据史料记载，从公元前206年至1949年新中国成立前的2 155年间有文字记载的干旱就有1 056次。海河流域在新中国成立前的580多年间发生旱灾407次。旱灾高居各类灾害之首。

据中国500年(1479—1979)旱涝分析，新中国成立后的30年间全国受旱面积占总耕地面积的19.6%，其中减产30%以上的面积约占总耕地面积的6.7%。近500年来受旱面积最大最重的地区是黄淮海地区(黄河中下游及淮河、海河流域)，其成灾面积占全国受灾面积的1/2以上。

近年来，黄河下游连年断流，断流的时间逐年加长，1995年、1996年超过百日，1997年长达226天。该流域农田大片减产甚至颗粒无收，工业因缺水而停产减产，城市居民用水限量，经济损失上百亿元。1998年初，中国科学院和工程院两院院士们还发出了“拯救黄河”的呼吁。黄河下游山东及苏北的累积干旱程度也是最严重的，若按该区域前30年平均降水量795毫米作为常年平均值进行比较，近17年来，山东省15万平方千米面积上少降水2 147亿立方米，大约是黄河5年时间流进山东的水量。山东及苏北近20年里就有15年是明显干旱的，其中每年降水都比常年平均值偏少一至三成多。同时，黄河中上游的山西、陕西、内蒙古中部、宁夏和甘肃东部等地的累积干旱程度也比较明显。

干旱主要发生在各地的旱季(期)，北方主要是春旱，南方主要有伏旱，丘陵地区也有春旱。一些地区的秋旱(秋吊)对晚秋作物也有很大影响。20世纪90年代以及21世纪初以来的几次干旱均使农业受到了极大的损失。

(二)气候干旱与农业干旱 干旱笼统地说就是长时间不下雨造成缺水而成的灾害。更确切地说干旱多是因为长时期的干暖天气，蒸发量大，致使土壤水分大量散失，造成对农作物供水不足、而对农业生产造成巨大影响的灾害。

1. 干旱的气候指标和农业气候指标 在统计干旱时有以下2类统计指标。

(1)以降水为指标 一是由某时段的降水百分率，即降水量相当于常年的几成来表示。例如，北京市3～5月份的降水量少于常年同期降水量的70％为轻旱，少于40％为重旱。二是用某时段的降水距平百分率来表示。如降水量距平－30％，即比平均值少30％为轻旱。其实降水量百分率、降水距平百分率这两种指标基本一样。

还有的用连续无雨日数为标准。其标准因地区而不同。有的地方是"3日无雨即小旱，5日无雨即大旱"；有的地方是"5日无雨即小旱，10日无雨即大旱"。

其实，某时段的降水百分率等往往不能很好反映干旱。因为几个月内同样的降水量因降水时段分布不同实际上则可能有的发生了干旱，而有的就无干旱；或者甲作物干旱了，而乙作物则无事。

除大的旱灾外还有许多区域性的、规律性的、气候性的干旱。多是因为长时期的干暖天气，蒸发量大，致使土壤水分大量散失，造成对农作物供水不足。这种干旱一旦改善水分供应，则干旱就可解除；如果水分一直供应不上，则会导致作物死亡。

(2)以对农业实际造成的危害为指标 这里引入一个"凋萎湿度"的概念。就是说在这个土壤湿度时作物就会产生萎蔫，如果水分得不到改善则作物就会永久凋萎而死亡。对农业实际造成的危害就是农作物产生凋萎后不能及时得到水分补给或水分补给不足，而影响了作物生理功能的正常运行，从而影响了产量，甚至导致植株死亡。

凋萎湿度因作物不同而不同，因作物发育期不同而不同，还因为土壤不同而不同。这个凋萎湿度的指标很重要，可以指导我们抗旱和灌溉。下面是几种典型土壤的凋萎湿度指标。砂壤土：土壤湿度 4%～6%；壤土：土壤湿度 6%～10%；黏土：土壤湿度 12%～17%。

但要注意，用盆栽试验得到的指标一般偏高（因为盆栽试验没有深层土壤不同形态水的支撑）。

2. 气候干旱和农业干旱　我国的干旱一般多发生在春季。南方常有伏旱，冬、春季连旱或春连初夏旱在北方也不少见。而夏、秋季连旱和秋、冬季连旱及秋、冬、春季连旱比较少见。

大家知道，因为北方旱农地区的春季几乎每年都旱，"十年九春旱"，旱几乎已成常态，当地的农业及生态已基本适应而成相应的气候生态。所以北方不怕一般春旱，但是怕冬、春季连旱，更怕秋、冬、春季连旱。南方的伏旱，也已成为基本气候规律，一般的伏旱当地农业也能基本适应；而成灾者是严重的伏旱，或者夏旱连伏旱。就是说北方的春旱、南方的伏旱等属于区域性的、气候性的干旱，所以只要认真做好抗旱保墒工作，现行农业基本可以适应。

真正有影响的干旱、较难调整的"农业干旱"可见以下几种：①干旱发生在作物生长期，当然影响较大。②秋、冬季虽然不是作物生长盛期，但是秋、冬季连旱的危害还是相当大的。一是影响秋播的时效、质量和面积，从而影响苗情和夏粮总产量。二是影响作物越冬，造成死苗。三是将大大加剧春旱。这不只是因为底墒不足，使春旱加重；而且，因为土壤上层干燥，封冻时难以形成密实封闭的冻土层，因而使"冬季土壤水分内部调整期"失去了调整土壤内部水分移运的基本因素，所以使耕作层及其下层土壤水分大量散失，故使春旱大为加剧，从而影响到春播和全年的总产量。③如果夏、秋季连旱或秋、冬季连旱，那么到春季就要成为严重的干旱了。1988—1989 年我国大部分地区秋、冬季连旱，受旱面积达 0.21

亿公顷，重旱 0.09 亿公顷。受旱面积大的有 11 个省，有些地方甚至河湖干涸。一般年份秋、冬季节气温下降，蒸发量减少，土壤水分处于缓慢失墒期，但是 1988 年秋季缓慢失墒变成了明显失墒，1988 年 12 月中下旬有些地方砂壤土含水量仅 10%左右。这种情况不仅影响秋播和影响苗情，而且影响作物越冬，造成死苗；更因封冻时难以形成密实封闭的冻土层，而使冬季土壤水分内部调整期失去了调整土壤内部水分的条件，所以加剧了春旱，从而影响到春播和全年的总产量。

3. 气候干旱的预防

(1)春旱的预防　冬季、初春抗春旱。

①冬灌：北方有冻土地区在冬季和初春 2 月上旬前都可进行冬灌，最好在入冬后“小雪封地”前进行冬灌。冬灌可以错开春季用水高峰，以免春季有些得不到及时灌溉而旱情更重。冬灌更大的好处是使土壤上层形成封闭的冻土层，既可使土壤表层水分散失减弱、又可阻挡土壤内部水分散失。更因为冻土层的饱和水汽压力远小于深层，所以深层的水分不仅液态水以毛管水或膜状水向上移动，而且气态水也大量移向冻层和冻层以下，这样，到春初解冻时，直接为作物供水的土壤层的总含水量甚至会比封冻前还要多。

②镇压保墒：镇压可以压碎坷垃，在土壤表层形成较细密的保护层，阻止土壤水扩散到空气中去；镇压还有接通根系部位土壤毛细管的作用，改善对禾苗的水分供应；还可减小土壤空隙度，防风抽。所以，冬季镇压也不失为一抗旱的重要措施。

另外，给麦苗壅土培根、把分蘖节适当埋入土中也有促根、保水、抗旱、抗寒的作用。

③冬末春初注意充分利用和保蓄“返浆期”、解冻期的土壤水分：办法是顶凌耙地、抓紧播种、及时浅中耕松土保墒。

④防春旱、防春寒：考虑到春旱及春寒的可能性，对一些重点

田块施用由工业副产品和残渣制成的乳剂或水溶胶“增温剂”，可以抑制田面水分蒸发，保墒增温。据试验，每667平方米地可节水15～25立方米。

⑤兴修水利：冬季正是兴修水利、搞农田基本建设的大好时期，这是长效的抗旱措施。

⑥人工增雪增雨：借助一定天气条件，利用飞机或高炮把干冰（固体二氧化碳）或碘化银、尿素等撒播于水汽较充足的云里，使之催云增雪、增雨。

(2)伏（夏）旱的预防　8月盛夏需防旱。8月上中旬是伏旱的主要时段。我国古时《农家谚》中有“舶艞风云起，旱魃深欢喜。”之说。舶艞风即我国东南沿海夏季之送航船回来的偏东信风。它是由加强着的太平洋副热带高气压带向北向西延伸而造成的，是伏旱将至之信。一般是7月中旬后雨量持续偏少、蒸发量加大，直至8月中旬以后“三伏”结束。伏旱范围与副热带高气压下沉气流控制的区域一致，北可至北纬32°淮河以南，西可至东径105°附近的四川东部。

此期，大部地区仍属盛夏，温度较高。特别是淮河以南，8月份最高气温甚至高于7月份最高气温。例如江西赣州8月份最高气温41.2℃，比7月份最高气温高2.2℃；南京8月份最高气温40.7℃，比7月份最高气温高近3℃。不仅沿海和江南如此，就连安徽的合肥及河南的固始、信阳8月份最高气温也比7月份最高气温高1℃左右。由于温度高，蒸发量比夏初6月份增加80%，而降水量比6月份减少2/3以上，所以需要防伏旱。

而且此期正是万物争荣的8月份，光热条件好、光照充足，淮河以南广大地区日照时数由6月份的5～6个小时增加到9～10个小时，增加了约80%；而温度依然很高，8月份平均气温与7月份相近，最高气温甚至高于7月份。此时植物生长旺盛、生命活动能力强、叶面积系数大，对于农作物是光、热、水总效应和利用最好的时期，所以也是秋粮丰收的关键性时段。所以伏旱的影响会更明显，不可小视。

（三）抗旱十二则　我国农业生产实践中旱地农业抗旱的有效措施很多，暂归纳为：预报、开源、节流、看天、看地（土）、适时、保墒、管理（抗）、种子（处理和培育）、水利、调整农业（结构）、综合治理（农田基本建设、造林等）12 个方面。

1. **旱灾预报是抗旱的前提**　知旱才可抗旱。要知旱否，就要听预报、用预报。自己也可进行简单预测，如用谚语等来做长期预报。我国几千年来形成了许多气象谚语，有些可以作为预知干旱的参考。举例如下。

“久旱莫望云头雨”。这也是天气气候规律，久旱的时候地气不足留不住云，不要指望一般的云会下雨。

“旱灾一大片，涝灾一条线”（江西、贵州等地）。一般来说干旱的面积都是比较大的，涝灾面积相对来说要小一点。

“旱刮东风不雨，涝刮东风不晴”（夏季全国大部地区）。旱和涝是由不同的天气形势造成的。干旱地区一般受高气压控制，有下沉气流则少雨干旱，高气压的南部、西部一般吹东风和偏东风，所以虽然东风能带来水汽，但是在高气压之下，有下沉气流也不会下雨；雨涝则不受高气压控制，这时东风带来的水汽则能使降雨继续。

“去年干冬，今年干风”。是说冬干旱容易造成春旱。从物理和气象的因果关系上说，干冬则春天自然就干燥，春季刮干风也就是必然的了。

“旱天多旋风”。是因为天旱，局地小范围的不均衡的对流强而容易生成旋风；也可以根据旋风多来推断是天气干旱。

“大旱不连年，一连就三年”。“一涝三年旱”（河北等地）。这两条也是一般的气候规律。

“旱，不过五月十三”（华北地区）。因为农历五月十三前后已相当于北方雨季开始前后，所以干旱往往会到这时结束。

“夏刮南风井底干，秋刮南风水淹山”（江苏地区）。“六月东风刮干海”。这两条谚语实际是在说伏旱。我国南方的伏旱是太平洋副热带高气压造成的，刮南风和刮东风，表明太平洋副热带高气压在西伸、北上，在太平洋副热带高气压的控制下伏旱开始了。

“南风送九九，干死荷花气死藕；北风送九九，船儿停在大门口”（长江中下游地区）。谚语说的是出九的时候如果刮南风，夏天（伏里）就可能旱。也是“九”和“伏”的对应关系、“风”和“雨”的对应关系。

“发尽桃花水，必是旱黄梅”。“三月桃花水，四月田干裂”（长江中下游地区）。这两条谚语反映了地区性的天气气候特点，也反映了季节（降水时段）的推移关系，不是还有“桃花勿落梅里落”的说法吗。

“旱灾之年蚁洞近水边”（广东等地）。据有经验的气象哨气象员陈恩望观察，这条谚语还是比较灵的。这可能是因为“巢居者知风，穴居者知雨”。天气气候的变化可能在其前就有某些变化，这种变化可能引起地电地磁的较大改变，而使穴居的蚂蚁的行动变化，万千年来形成了“旱年水边筑洞”等一些生物表象。

可以预报干旱的谚语还有很多，比较典型的后文预报涝的谚语，反过来用也可以预报旱。

更需要知道农业生产实际的干旱情况，这就要进行田间调查，调查的内容不应当只是苗情和农作物受害情况，还应当调查土壤湿度和当时的气温、空气湿度等。这样才可以了解干旱实况和安排抗旱对策。

2. 开“源”

(1)人工降水　抗御旱灾最直接、受益面最大的当数开发空中水，抓住有利时机，通过人工影响局部天气，使大气层的水分按人类的需要降落到需水的陆地表面。实际上是通过增加陆地水分循环提高水的利用率。各地已在抗旱救灾、水库蓄水等许多活动中得到了极大效益，进行人工增雨已被各地政府作为抗灾保农的重要措施。

人工增雨抗旱保禾、保畜、解荒的事例很多。例如1990年川东大旱，庄稼枯死、人民生活用水困难，5万人染上疾病。危难之时，飞机2次作业进行增雨，增雨量20毫米，解除了旱情，确实是解荒困、扶危难。1991年秋，江苏徐淮连地区大旱80年罕见，小麦种不下去，11月初，飞机增雨作业，使之普降中到大雨，解除旱情，翌年产量是最好的一年。1991年6月新疆巴里坤旱象严重，影响农牧业。高炮增雨作业后，增雨25毫米以上，农牧民称赞："你们的及时雨救活了庄稼和羊群。"

近年来一些地区，例如新疆在冬季开展人工增雪作业，取得了明显效果。冬季增雪可为库区和农田保蓄水分，而且还有保苗护田的作用。

(2)适当开发地下水　抗旱需要开辟水源，研制高效提水工具。打井可开辟地下水源，要注意不可过度取水；要充分保护、利用地上水源和已经开发上来的地下水，减少水面蒸发，防止和治理水污染，等于增加了水资源。如西北地区有"坎儿井"，有的地方还有用"水窖"进行蓄水。

(3)开发利用深层土壤水

①冬灌和耙耱：如本书第三章第三、四节所述，可以利用冬季土壤水分调整来开发利用土壤深层水分。在冬初大地封冻前灌水(也包括耙耱)，使土壤表层密实和结冻，减少表层水分丧失，又阻挡土壤内部水分散失；更因深层的土壤水分向温度较低、饱和水汽压较低的冻土层移动并在附近凝结，而使深层移来的水分保持在耕层附近。到春初解冻时，直接为作物供水的土壤层的总含水量比封冻前还要多。所以开发土壤深层水的措施是冬灌和耙耱。

②造林：在农田周围造林，林网树木的根系有助于深层与耕层

的水分沟通。

3. 节水灌溉　节水灌溉是抗旱的关键之一。

(1)节水灌溉提高水分的利用率　改过去的渠灌为管道灌溉、喷灌、滴灌和渗灌等,改漫灌为喷灌或滴灌。以前采用漫灌式,黄河流域用水量农业用水占总用水量的95%;宁夏、内蒙古区段近几年4～6月份的用水量又约占去当地黄河进水量的5/6,而当地现行农田漫灌系统的有效利用率却只有50%左右。所以,只有在宁夏、内蒙古等沿黄河漫灌的农业区,尽快改用喷灌来取代漫灌,才可能省下较多的水留给下游。井灌区采用软管灌溉可以省电节水30%,还可以少占土地2%左右。

(2)把水用在"刀刃"上　节水灌溉的另一方面是根据农作物的类型、发育期、需水关键期和需水量等,把水用在"刀刃"上。例如在小麦的拔节期、玉米的抽雄前期等需水关键期进行灌溉,效果最佳。还要根据地块的墒情安排灌溉时间和灌溉量,做到既节约用水又不降低产量。

4. 看"天"　依据天气气候趋势(看天)进行农事安排,是抗旱的重要措施。我国北方农村有"看天时定播种比例"的好经验,就是在旱年多种些耐旱的作物,如谷子、玉米等;在不旱的年份则多种大豆和需水较多而产量更高的作物。还要利用天时"看雨情定播种顺序",雨后及时种大豆等发芽需水量大的作物,后播谷子等需水量小的作物。

5. 看"地"

(1)看地形、地貌　地形、地貌与旱地农业关系很大。对于山地、坡地,为了保蓄水分、减少水土流失,可修建梯田或按等高线起垄进行等高种植;对于丘陵坡地的林、果可以"鱼鳞坑"或"水平条"等进行种植。目前有的地方还搞了一种"池田",可以蓄水开展种、养业,还可用以浇灌邻近的田块。

(2)看土壤类型　同样情况下黏土地可利用的水分不及砂壤

土，所以黏土地更易出现旱情，砂壤土和黄土高原的楼土相对好一些。一般来说，在各类土壤上普遍实行的抗旱措施有以下几种。

①培育保水保肥的土壤：施用有机肥，包括农家肥、绿肥、秸秆还田等，以改良土壤，增加土壤的团粒结构，增强土壤肥力，从而增大田间持水量，增强土壤的保水能力。

②看墒情播种和安排农事：这是抗旱的重要方法。例如初春墒情最好时播种需水最多的作物，随着墒情变差播种需水量小的作物。

③看墒情定播种方法：就是要根据墒情的具体情况决定用直播，还是用沟植垄盖，或是引墒播种。

6. 适时　对于防御干旱来讲，防御“适时”可以事半功倍。要考虑干旱处在什么农事季节及其前后的气候特点和墒情变化特点。

(1)适时防冬旱　秋末和冬季干旱，虽然这时大田作物已经收割，冬麦苗期一般受旱不太严重，但是还要抗冬旱进行灌溉，因为冬灌有利于调动深层土壤水分，以预防春旱。

(2)适时防春旱　防春旱也应适时。最好从秋、冬季开始进行耙耱和灌溉，以减少耕作层水分丧失，更利用土壤水分变化调整的时期，使深层的土壤水分向上层移动，并使其保持在耕层及其下方。

(3)适时春播　适时还表现在春播抢在清明前。春季中后期，土壤解冻“地气通”以后，土壤水分被上蒸(发)、下撤(渗漏)，很快墒情变差。北京地区就有“清明前播种则‘土抱籽’、清明后播种则‘土不抱籽’”的经验。意思是清明前土壤墒情比较好，播种后土可以粘到种子上，有利于发芽；而到清明后土壤墒情变差，土就粘不到种子上了。所以，要根据当地情况，抓紧时间进行春耕、春播，抗旱保墒。

7. 保墒　采取各种措施保蓄水分是抗旱的重要工作。减少土壤水分的蒸散是各项保墒措施的核心。保墒的措施有以下几条。

(1)镇压　镇压可以压碎坷垃,减少土壤上层的大空隙,在土壤表层形成较细密的保护层,减少水分向大气散失;镇压还有接通根系部位土壤毛细管的作用,改善对禾苗的水分供应;还可减小空隙度,防风抽。所以,镇压也不失为一条抗旱的重要措施。

(2)耙耱　可破坏土壤表层的毛细管,防止耕层及下层水分散失;特别是冬前耙耱和镇压,有助于深层的水分向上移动,不仅液态水以毛管水或膜状水向上移动,而且气态水也大量移向冻层和冻层之下。这样,到春初解冻时,直接为作物供水的土壤层的总含水量比冬前还要多。

(3)顶凌耙地　冬末春初要注意充分利用和保蓄"返浆期"和解冻期的土壤水分。要顶凌耙地,及时浅中耕松土保墒。

(4)给麦苗壅土护根　把越冬麦分蘖节适当埋入土中有促根、保水、抗旱的作用。

(5)中耕　根据不同的墒情和干土层进行不同深度的中耕,可切断通向地表的毛细管,减少耕作层及其下层的水分散失,有效控制土壤水分。所以有"锄头有水又有火"之说。

8. 综合管理和化学抗旱　据农作物生长状况、土壤墒情、天气气候情况等进行水分管理,安排农事操作和化学抗旱。其做法暂归纳为以下几项:①抗旱播种、引墒播种。干旱表层土壤墒情很差,因此要开沟引墒。沟的深浅据干土层厚度和墒情而定,播种后覆土。②保护地育苗、移栽;保护地栽培,实施"白色工程"。③根据关键性、转折性、灾害性天气预报,科学安排不同地块农事活动。④培育健壮植株,增强抗逆性。⑤有些作物生长后期的抗旱可打老叶、中耕,以减少水分消耗。⑥喷施磷肥,促进作物成熟等。⑦进行地膜覆盖和施用土壤增温剂均可减少土壤水分的散失。

9. 种子处理和培育　作物种子与抗旱关系很大。

(1)选用耐旱品种　依据当地气候的干旱情况选育、引进耐旱作物和耐旱品种。

(2)处理种子，提高种子抗旱性　①常用的种子处理办法有浸种、催芽和浸种催芽结合坐水点种。②以高分子吸水树脂等给种子包衣，播种后可吸收大量水分。③药物拌种和浸种。如以阿斯匹林浸种可增强种子抗旱和抗御干热风的能力。④以激光、同位素等处理种子也可提高种子发芽率和增强抗逆性。

10. 兴修水利　疏浚河道，建设灌溉配套沟渠，建水库，还要建设塘坝蓄水。

11. 调整农业结构　实行“长短结合，以短养长”的方式调整种植结构，把部分水分条件比较差的地段和田块的水田改为旱田。海南省乐东县冲坡乡因水源不足，单季稻每 667 平方米产量在 200 千克以下，改种甘蔗、花生等作物后，保证了水田用水、用工，尽管水稻面积缩小了 466.7 公顷，但水稻总产量反而增加了 250 万千克，还多得了 466.7 公顷的甘蔗和花生。

12. 环境(综合)治理

(1)大搞农田基本建设　进行山水林田路综合治理，兴修水利，搞农田基本建设。其中有条件的地方可以建成上路下渠，既节约农田又保水，减少水分蒸发。

(2)造林种草　林木对于改善气候和抗旱的作用很大。我们知道，1 公顷竹林，夏季或旱季每天可以从地下吸收 70 立方米左右的水分，四川竹林的含水量相当于一座容量为 120 万立方米的小型水库；竹林内的气温日较差比无林地小，白天竹林内的气温较林外低 3℃左右，夜晚则竹林内的气温较林外高 3℃左右，特别是在冬、夏两季，这种表现更为明显。

还有，由于滇南的森林覆盖率比海南省高，所以滇南的空气湿度比海南省高，6～12 月份空气相对湿度都在 85%以上；海南省雨季结束后则湿度很低。森林对大气的水分贡献相当于同面积水面的1.5倍。据资料认为，林地平均年降水量可比无林地多17.4%。因为水汽多易于降水，而且水汽凝结放出潜热促进林区空气上升有利于形成降水。

所以造林是综合治理的重要环节，“绿色工程”是环境治理的重要工作，是抗旱的长效工程。大规模地植树造林，包括营造防风林，可防风、固沙、抗旱；营造水源林、封山育林，可减少水土流失，有利于抗旱。大面积的林木有促使气候湿润、减轻干旱的作用。大面积种草也有防治土地荒漠化的作用。

（四）云雾水工程 抗旱既要开源，又要节流。据资料统计，干旱地区的云并不比其他地区少多少。前面说了可以进行人工降水，但是有新技术表明，亦可从云雾中直接取水。

佛得角共和国的科学家发明了一种无害的化学药剂洒在合成纤维布上，在高山上把数千平方米的这种吸水布垂直放于云中，它可吸收大量水分，然后回收。每块布每周可收集数立方米水。

雾也具有开发价值。雾的水也可以直接转化为人类生活和生产所需要的淡水。捕雾取水也成为一些国家和地区，特别是干旱的山区、沙漠地区及海岛等特殊环境解决供水不足的重要途径，甚至成为一门新的科学技术——雾水工程。

智利北部沿海常年浓雾迷漫。当地有座小镇叫丘冈戈，有人曾在该镇做过化雾为水的尝试。1987年智利和加拿大两国科学家经过实地调查和研究发现，该镇以东1英里(1.6千米)处有座小山，名叫埃尔·托福，太平洋上的水汽在这里被小山阻挡后不断凝结成雾，使这里终日雾气缭绕。于是，他们在这个山顶上设置了50个集雾罩。所谓集雾罩，就是一个巨大的网，张挂在12英尺(3.66米)高的柱子上。罩下安装了蓄水箱，与镇里供水系统联结。这一小型的集雾装置启用后，立即取得了良好的效益。每日集水1 900加仑(8 636.4升)，满足了镇里居民日常用水的需要。

从此，丘冈戈便成了世界上第一个集雾取水的城镇。

雾水工程的原理非常简单。雾是密度很大的细小水珠集合体，雾珠可以附着于各种物体的表面汇集成水；雾珠遇冷也会结成大水珠，凝聚成水。为了从雾中大量取水，采用散热快的金属（如铝板），制成表面光洁的圆筒，竖立于多雾的空气中，其表面附着的雾很快便凝聚成水。在沙漠地区和一般性陆地晚上湿度大，在海岛及海洋白天、晚上湿度都很大，均可利用这一原理从雾中取水。国外有些舰船已采用这项技术，在航行中不断补充淡水。

西班牙科学家还发明了一种改造沙漠的“人造树”。这种人造树的枝叶都是由吸水性很强的酚泡沫塑料制成，树干由多层密度不同的聚氨基甲酸乙酯塑料制成。将其“种植”于雾区，由于酚泡沫塑料吸水性能非常强，与雾的接触面积又很大，散热很快，所以吸附的雾和凝聚的水分相当可观，这些水分通过树干渗入到沙漠中。白天沙漠中空气干燥，水分又通过树干、枝叶蒸发出来，使周围的空气湿润、温度降低，甚至能形成云和出现降雨。据说，大量“种植”这种人造树，10 年内可使沙漠地区的生态环境大为改善，有可能成为绿洲。

二、防涝减灾

（一）涝灾概况 我国是一个多涝灾的国家。虽然我国水资源并不丰富，但是由于夏季降水集中，降水变率又大，加之过去历史上历代王朝的腐败，致使在新中国成立前的 2 155 年间就发生涝灾 2 029 次。新中国成立前的 2 000 年间，黄河流域发生水灾 1 500 多次，海河流域在新中国成立前的 580 多年间发生水灾 387 次。

我国大部分地区属于典型的季风气候区，冷暖空气的交汇是主要的成雨因素，季风的进退及其强弱直接影响着雨区的位置和雨量的大小。一般来说，5～6 月份降水主要在华南；6～8 月份降水主要在长江和黄淮及其以北,其中 7～8 月份降水主要在黄河流域及其以北。

但是季风的强弱和进退每年都不尽相同,前后变动 10 余天者也是有的,这是季风气候的特征之一。

我国涝灾往往因河流和水利状况、山川分布及地势高低而减轻或加重。我国涝灾最多最重的地区第一是淮河流域,第二是海河下游及长江流域的两湖地区和珠江下游。大兴安岭、太行山、秦岭、湘西山地、广西山地一线以东除上述地区以外的地区为次多涝区。

(二)涝害因时、因地、因作物而不同

1. *涝灾的成灾机制*　由于田间实际水分明显超过作物所在发育期的正常需水指标,时间长了就可产生涝害,所以涝害因时、因地、因作物而不同。或者田间实际水分超过最大田间持水量,致使作物因缺氧影响根系正常呼吸、根系不能进行正常的生理活动而成灾,甚至因田地积水浸泡作物而成灾。

有人以某时段降雨量超过平均值三成或五成为指标来统计涝灾,其实这也往往与事实不太一致,经常是一场暴雨虽然总量未达到“指标”,但是就已经造成涝害了。强暴雨是雨涝成灾的主要原因。

暴雨是一种降雨量过大的灾害天气。暴雨之所以成为灾害天气,因为它有 2 个特点:一是降水量大。24 小时雨量≥50 毫米为暴雨,≥100 毫米为大暴雨,≥200 毫米为特大暴雨。二是降雨猛。就是“雨强”很大,一般暴雨如果 24 小时降水量达不到 50 毫米,1 小时降水量也要达到或超过 16 毫米。

在一定时间内降水量很大或者降雨强度很大而产生涝灾,如果短时间排不出去则更使涝灾加重。河南“75.8”暴雨造成的涝灾以及 1990 年、1997 年的长江大水都是暴雨所致。雨强太大,在短时间内降那么多的雨,必然对下垫面冲刷很厉害,所以还容易造成水土流失和泥石流。

2. 因时不同而涝害不同 8月份是暴雨比较多的时期。例如,北京8月份平均暴雨日数占全年的54%,郑州8月份暴雨日数占全年的38.1%。尤其是8月上旬,暴雨强度大,是我国北方暴雨最集中的时期。历史上著名的大暴雨和水灾多发生在8月上旬和7月下旬。例如:“75.8”河南大暴雨、“63.8”河北大暴雨、“77.8”陕西内蒙古大暴雨、“80.8”长江大暴雨等。1975年8月上旬的河南大水,方城县郭林日雨量1 054.7毫米,创我国大陆日雨量最高纪录。

3. 因气候和土壤不同而涝害不同 雨涝还因地区气候特点和土壤等而不同。经常干旱的地区如华北、西北日雨量50～100毫米就会成涝,其中常年干旱地区大于30毫米就可造成涝害;因为土壤没有南方的胶黏结构、比较疏松,急雨还易造成水土流失。

4. 因地区和作物不同而涝害不同 涝害常因地区及作物而不同。“三麦”湿害就是发生在长江下游的一种涝害。三麦是指小麦、大麦和元麦。三麦湿害多发生在春季,特别是发生在春末。因为这时正是桃花水和黄梅雨的多雨时节,常使田间过湿。在一些下层比较黏硬的田块,或者水旱轮作对耕层及犁底层处理得不太好的田块,就会发生田间实际水分超过最大田间持水量的情况而形成湿害。三麦湿害在淮南和苏南是造成三麦产量不高、不稳的主要因素。

对这种情况,田间有积水的要及时排水;无积水但仍有湿害者,可采取钻孔泄湿的办法,即用进行农业气象观测的取土钻对土面钻孔,钻过犁底层或黏土层,钻孔数目不必很多,以使多余的水分渗漏到土壤深层即可。这种方法其他作物的湿害也可借鉴。

(三)防 涝

1. 做好预防 做好强暴雨预报是进行防汛防涝的重要依据。例如著名的“75.8”特大暴雨,河南省林县就根据气象谚语“春风对秋雨”、“有怪风就有怪雨”、“春风百日化为雨”等反映出的韵律关系，运用气象资料查对“大西北风”（九级及以上），往后推 120 天有大暴雨，从而预报出 1975 年 8 月上旬的罕见特大暴雨。

再如气象谚语“秋后雨水多，来夏淹山坡”和气象谚语“冬旱夏涝”也可预报暴雨。以沈阳市 9 月下旬至 10 月下旬的降水表示秋后雨水，12 月中旬至翌年 2 月下旬降水表示冬季的旱涝，分别为纵横坐标做成点聚图（图 6-1），在图中坐标点上标出翌年 7～8 月份的降水量。从图中清楚看出翌年夏季 7～8 月份雨量在 470 毫米以上（比常年多 30％以上）的几年都在左上角Ⅰ区。

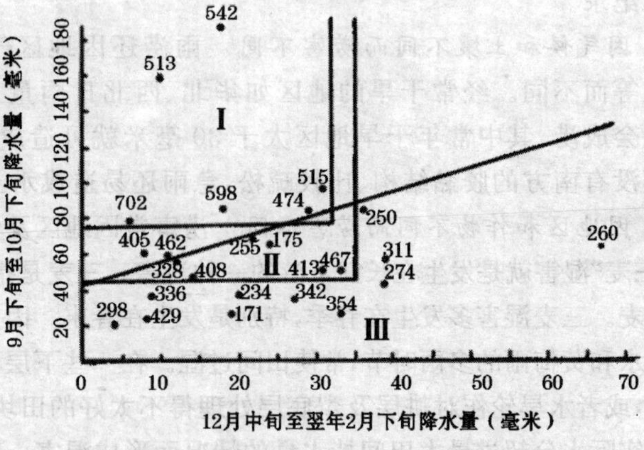

图 6-1　沈阳市上年秋雨和冬雨对应翌年夏雨点聚图

注：1. 图内坐标点上的数字为翌年 7～8 月份降水量

2. 图内Ⅰ、Ⅱ、Ⅲ为降水量多少的分区

对于春季的旱涝则上年秋雨这个基础很重要，谚语“秋旱多春旱，秋涝多春涝”（黑龙江省宝清县）对预报翌年旱涝亦很有价值。秋、冬、春季节间的降水变化不像春至夏和夏至秋那样强烈，基础的作用更显现出来了，若秋旱则翌年春季也容易旱，若秋涝则翌年春季也容易涝。

谚语“冬暖来年涝，冬寒来年旱”和“春寒夏涝”在华北地区预报翌年旱涝很有价值。用北京、天津、保定、石家庄4个气象站上一年12月份平均气温和当年1月份平均气温表示冬暖与否，用这4个气象站当年5月份平均气温表示是否春寒。对应北京、天津、沧州、保定、石家庄5个站的7月下旬至8月上旬（降水最集中的时段）的降水量做成点聚图（图6-2），在坐标点上标出5个站7月下旬至8月上旬的降水量，发现降水量最大的（300毫米及以上）都集中在左上角，降水量最小的（60毫米以下）都集中在右下角。就是说这两条谚语结合起来使用是正确的。

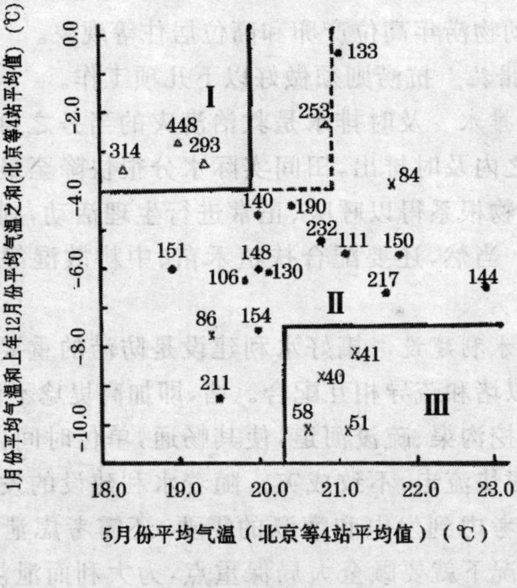

图6-2 华北地区上年冬季冷暖、翌年后春冷暖对应翌年夏雨降水量点聚图

注：1. 图内坐标点上的数字为7月下旬至8月上旬降水量

2. 图内Ⅰ、Ⅱ、Ⅲ为降水量多少的分区

3. 图内△表示夏涝，x表示夏旱，· 表示雨量接近常年

“家燕前寒食叼米，过寒食叼水”(天津)。寒食即清明的前1天。燕子来得早(清明前)说明天气偏暖，则可能雨水正常；燕子来得晚(清明后)说明春季冷。前面谚语说“春寒夏涝”，则可能夏季会多雨成涝。两条谚语是一致的。

谚语“鳖卵产得高，大水定滔滔”(广东)和谚语“脚鱼下蛋位置高，今年洪水小不了”(广西)以及谚语“涝灾之年蛇高踞”(广东)等都是用动物预测旱涝。鳖、蛇等动物何以能预知旱涝呢？可能是天气气候变化之前就有某些表象，这种变化可能引起地电地磁的较大改变，而使鳖、蛇等动物的行动有所改变。万千年来由于这种地电地磁的较大改变常与后代延续和生命安危相联系，久而久之形成了某些动物涝年高位产卵和高位居住等现象。

2. 抗涝措施　抗涝则须做好以下几项工作。

(1)及时排水　及时排水是救治涝灾的当务之急。如果田间积水在2天之内及时排出，田间实际水分很快降至最大田间持水量以下，使作物根系得以呼吸、正常进行生理活动，则许多农作物可得以解救。当然，还要配合扶植禾苗、中耕散湿等农业技术措施。

(2)搞好水利建设　搞好水利建设是防涝的重要方面。历来防汛防涝多以堵和疏导相互配合。堵，即加高堤埝不使客水来犯；疏导，则是开挖沟渠、疏浚河道，使其畅通，单位时间内流量加大，使过多的水很快流走，不致成灾。随着水利建设的发展，水库、塘坝的增加，更考虑到发电和灌溉的需要，还需考虑泄洪和水的管理；必要的情况下就要顾全大局保重点，为大利而泄洪淹泄洪区。以上诸多办法如何更好、更有效地实施，既减免人财物的损失，又不造成浪费，则要考虑天气预报、水文预报，以此作为决策的重要依据。

(3)搞好农田基本建设　易涝地区的农田建设要注意搞好排水系统。还要注意改良土壤和散湿的有关建设。

(4)调整农业结构 在常有涝害的地区,可以多发展些水田种水稻等。

(5)植树造林是较长远的、战略性的防汛防涝措施 例如营造防洪林、护田林及防止水土流失的封山育林等都是必要而可取的。树木的根系扎得很深,对于耕作层以下比较密实土壤的田块耕作层多余的水分有较好的导泄作用。所以造林是个既抗旱又防涝的长效措施。

第二节 风灾及防御

清(轻)风对农业有益,但是太大的风则有害。大风的危害当然是机械力的破坏,还有压力差产生的吸引作用,而且还会因风抽而加剧干旱。风灾包括台风、龙卷风、黑风(沙暴)、大风等,都可对农业造成灾害。

一、台风危害及防御

(一)台风概述

1. 台风一般情况 台风是发生在西北太平洋和南中国海的强烈旋转的大气涡旋。因主要发生在热带海洋,并以狂风暴雨为特征,所以人们也称它为热带风暴;人们还把发生在大西洋和孟加拉湾、阿拉伯海的强热带风暴称为飓风。

我国古时也称台风为飓风。早在大约1 500年前的《南越志》中称台风为飓风,“熙安间多飓风。飓者,其四方之风也。”即大型的旋转风。当时已对这种强烈的涡旋有了一定认识。到了清朝,台湾人季麒光著《台风说》,因为这种风常侵袭台湾,或多从台湾方向移向大陆,于是后来人们称它为“台风”。也有人认为,可能是因台风对广东侵袭最多,而由广东话的“大”(发音与“台”相近)风演变来的。

世界上许多有关国家对台风都十分关注。联合国世界气象组织规定了国际统一的标准，中心附近最大风力12级及以上者称为台风（太平洋和南中国海）或飓风（大西洋），风力在10～11级者称为强热带风暴，风力在8～10级者称为热带风暴。

按照这个标准统计，世界上台风（飓风）和热带风暴最多的地区是西北太平洋，约占全球发生量的36%。整个太平洋约占63%，印度洋约占23%，而大西洋仅占11%。

台风是一个高10～19千米、直径100～1 000千米、做气旋性（逆时针）旋转的涡旋，其中心气压一般为870～990百帕。在其中心有一个半径为10～70千米的静风少云的“台风眼”，一般台风越强则台风眼越小。台风本体并不是很对称的：其前进方向的右侧（通常为东北方），因靠近副热带高压，等压线较密，风力最大，就是人们所说的“风半圆”；另一侧，则风力较小，而雨量较大，就是人们所说的“雨半圆”。

台风在北太平洋生成后，一般以每小时20千米左右的速度向西北西、西北或偏西方向移动。台风越强移速越慢。在台风转向东北或偏北方向后，进入西风带移速迅速加快，靠近日本时，移速可达每小时80千米以上。但是也有个别是摆动前进或打转的，它们或登陆我国或靠近我国沿海在海上转向东北。这些行踪主要受副热带高气压和西风带的引导气流影响。

2. 我国台风概况　为了更好地监测和研究台风，我国从1959年开始，对台风（含热带风暴，下同）进行了编号，凡是出现在东经150°以西、赤道以北的都按其先后顺序编号，前2字表示年份，后2字是台风出现的顺序。在这些编号的台风中，约27%、即每年有7～8个台风在我国沿海登陆。

登陆我国的台风一般5月份开始在汕头以南登陆，6月份可北推到汕头以北，7月份可到温州及其以北，闽浙一带是登陆的主要通道。8月份是台风登陆最多的时期，影响也最广，平均有2个登陆台风，占全年登陆总数的26%；登陆地点可推到上海以北，几乎我国所有沿海及其靠近的省、自治区都可能受到台风的侵袭和影响，如果台风移至东海南部则有70%的可能影响闽浙沿海。9月份台风则南退到长江下游和珠江之间。10月份主要在海上登陆，偶尔在温州以南登陆。11月份及其以后则偶尔在汕头以南的地区登陆。

防台风防暴雨是8月份的大事，这是因为8月份是台风影响最重、登陆台风最多、台风影响范围最广的时期。7～8月份，有的台风向西可影响到武汉、郑州，向北可影响到黑龙江省。台风的活动路径主要有2条：一条是在北纬10°～25°间自东向西移动，影响我国台湾、福建、广东、广西等地；另一条是在接近我国沿海地区时转向东北方向，有相当数量的台风侵袭浙江、上海甚至华北和东北地区。

在我国登陆的台风中，有据可考的风力最强的台风大约是1973年14号台风，9月14日在海南岛琼海登陆时风速达72米/秒，相当于19级以上的风力，使直径90厘米的钢筋水泥柱刀削似地折为两截，吹飞的瓦片嵌入椰子树干深达6.6厘米多。

台风从生成到消亡的生命史一般为2～6天，少数可达6～9天，短的仅1天多。登陆台风一般在生成后2～5天登陆，多数在登陆后消失，有48%左右的登陆台风还要向内陆移动。

3. 台风的危害　台风是我国东南沿海及邻近地区的主要灾害性天气之一。它带来狂风暴雨和巨浪高潮，可倒屋、拔树、伤禾、沉船、致涝，可毁塘坝、造成海水倒灌，还会致山洪伤人畜、毁建筑等。

台风的危害是因为其蕴含的巨大能量——风的动能和雨的潜能，未随人意的突然间强烈释放所致。台风在一天中降雨约200亿立方米，仅水汽凝结放出的潜热就相当于50万颗原子弹的能量，一个中等台风的功率相当于7 350亿亿瓦。

台风因其威力巨大，造成的危害往往也是触目惊心的。1959年9月26日侵袭日本的台风使名古屋市几乎成为一片废墟，狂风高潮把7 000多吨的货轮推上海岸，死亡和失踪人数约6 500人；1970年11月2日热带风暴袭击孟加拉湾，致使30万～50万人丧生，成为杀人最多的风暴。据统计，从有记载以来到20世纪80年代以前，世界历史上一次台风造成死亡万人以上的至少有16次。其中我国有2次：一次是1881年，我国和越南海防共死亡30万人；另一次是1922年，我国死亡61 000人。

(二)台风防御 台风虽强，但防与不防危害程度大不一样。1956年8月1～2日强台风在浙江省象山港登陆，上海也遭到12级大风袭击，杭州几个人合抱的大树被连根拔起，其强度和影响面都大于1922年在汕头登陆的台风，由于当时根据天气预报积极防台抗台，使台风造成的损失减少到最低限度，仅死亡4 000余人；而前文所说的1922年8月2日台风袭击广东汕头地区，由于旧社会不关心人民死活，造成60 000多人死亡，台风后瘟疫蔓延，有些地方甚至成了无人区。

1. **造林防台风** 台风也并非无坚不摧。椰子树可称得上是抗台卫士，它根深、干固、无枝，坚韧的羽状叶直接长在树干上，狂风折不断树干也撕不碎羽状叶——这也是大自然的造化；而宝贵的热带经济林木橡胶树却是怕台风的，20世纪70年代海南岛橡胶树受台风危害率积累达44%。所以，以椰林作为橡胶树的防风林是个好办法。

还有，西沙岛上的抗风桐，虽无椰子树那样强固的树干和羽状叶，但是有着极强生命力的较矮的枝干相互连接的群体，也是防台风的好材料。细弱的稻子也并非绝对的弱者，若形成较好的群体，如水稻“矮脚南特”则可利用自身的韧性、群体的“互助”和地表面的粗糙度保护自己，遇台风一般也不倒伏。

台风可使农作物倒伏而减产，若在作物灌浆成熟期则造成落粒而失收。采用矮秆抗风品种和赶在台风到达前及早抢收也可减少损失。

2. 台风多发区的建筑物要有利于防台风 人类适应台风的办法很多,西沙岛上为适应台风多、风力大和海岛的特点,不少建筑物建成圆形、平顶,这样既可抗风,又可接纳雨水作淡水使用。

3. 加强预测预报,提早做好防御准备 要防台风抗台风,就要监测和预报台风及其动向。监测台风的办法主要有 4 种:一是通过海岛气象站、漂浮气象站等进行的地面气象观测,绘成地面天气图分析台风的强度和位置。二是用飞机探测台风眼的位置。三是卫星探测。气象卫星拍摄的云图照片对分析预报台风很有实际意义。四是雷达探测和跟踪。雷达这个“千里眼”通过发射和回收一定波长的电波,在荧光屏上可以显示台风,目前我国研制的 714 型 10 厘米雷达性能好,探测范围达 600 多千米。

预报台风的动向,通常有以下 2 种方法:一是天气学方法。主要是依据与台风发展和运行有关的气压系统,如西风带长波槽脊、副热带高气压等的位置及发展变化等。二是数理统计方法。寻找与台风活动有关的因子及关系,还有运用数学物理方程通过电子计算机进行的数值预报方法。

沿海及邻近地区要注意收听天气预报,根据气象台站发布的监测到的台风消息及时抢收即将成熟的农作物,做好各方面的防台风准备。

4. 知征兆,早防御 台风将要侵袭,还有许多征兆,人们凭借几千年来的经验总结出许多预测台风的谚语,现举例如下,供民间预测台风时参考。

我国东南沿海有谚语“冬季北风多,夏季台风多”和“冬春风暴大,夏秋台风多”。这些谚语和气象统计大体一致。以广东省的广州和浙江省的普陀立冬到立春的北风和偏北风的风向风速的 5 日滑动平均数做成“冬季北风波”曲线,发现几个最高的波峰确实与翌年夏季的台风相一致。

“清明前后北风起，百日可见台风雨”。据福建省、广东省的实践，此谚语也比较灵验，清明前后北风100天前后7天内有台风，相关百分率为87%左右。

“春分要混、清明要明，如果春分不混、清明不明，夏至一到不容情”。如果春分天气晴朗、清明阴雨，则后推90天前后有台风。

“初雷打西南，风雨来得狂”。如果初雷在西南方响起，又有西南风扫地，天气闷热，则当年台风多而强。雷暴和干热天气可反映出未来台风容易行走的大致途径，因为台风是热低气压系统，有热雷雨的区域利于热低气压系统发展，所以有热雷雨的区域登陆台风和影响台风就更容易光顾。

预报秋季的台风，有“三九有奇寒，三伏有奇热，秋后有奇风”（广东普宁）和“大暑打雷呖呖声，秋后台风暴雨使人惊”等谚语。

“西风不过午，过午便是虎（风暴）”。按一般情况，如果是地方性日变化的西风就是“海陆风”的陆风，最迟不到中午就要转成海风（东风），这是因为白天陆地升温比海洋快，陆地空气上升，海风就吹向陆地；但是中午后还刮西风，就不是地方性风，而是有天气系统移来。因为台风是海上的气压极低的低压系统，风是吹向低气压的，所以吹偏西风。

“古龙晒太阳，不久台风狂”。古龙晒太阳是说在太阳下有灰黄色像古龙样的云，从云的颜色上看有黄色象征着天气一定很凶；从状态上看像龙的起伏，说明云体对流旺盛。这可能就是台风的涡旋状云系外围的尾部的条块状云。

“年纪活到八十八，未见东南震头发”（我国东南沿海地区）和谚语“东南震发，雨落丈八”。联合起来就是说，东南方向的雷雨一般是上不来的，但是如果上来了雨水就很大（东南震上不来，上来就没锅台）。这是因为我国处于西风带，一般槽脊变化天气系统都是从西向东移动，所以东南方向的天气系统不会再回到这边来；

但是作为“热带风暴”的台风则是从东南向西北运动的，所以如果有从东南移来的雷雨天气，就可能是台风。

“东南海面有断虹，一两日内有台风”。虹本应是弧状的，虹断是因为雨滴的大小、对流的强弱很不均衡。“东南海面有断虹”这是海上有强天气系统的表现。

“条浪打先锋，后面跟台风”(东部沿海)、“海上起蛮涌，必定有台风”、“无风现长浪，不久台风狂”、“无风起横浪，三日台风降”。这几条谚语所说的条浪、蛮涌、长浪、横浪，都是指很长的像卷草席一样的涌浪。这些谚语是指长浪兆台风。这是因为强风持续吹使之从台风处把涌浪推过来的结果。

“长潮潮不长，渔船莫出港”、“小潮像大潮，台风随后到”。这两条谚语指出海潮的反常则可能是台风影响的结果。

“海水冒泡，大风来到”(河北、辽宁、山东)。海水冒泡也是台风的大风浪搅扰和气压降低使海中的气体上浮。

“浮海灯有台风”(广东)、“浮海灯，两三天内有台风”、“海火见，风雨现”(河北、辽宁)。这些谚语都是说海火出现预兆台风。这是因为有些会发光的浮游生物，受台风风浪的激发在台风到来前做出的反应。

“海水‘哈哈’响，要有台风降”。海响是台风的风浪产生的声音，因为声音传播的速度比台风移动的速度快，声音在空气中15℃时的传播速度为340米/秒，而台风的移动速度大约为20千米/时。台风在500千米之外，它的声音只要25分钟就传过来了，而台风还要等25个小时才可到来。所以在台风未到之前海响的声音就传过来了。而且海边有的山洞因大小合适也可能产生共鸣而发出嗡嗡声，这都可能是台风之兆。

从前面这几条天气谚语与沿海群众多年的经验来看，台风侵袭的前兆与长浪、断虹、风缆、海吼(海响)、海灯(光)等现象的出现都是相一致的。

“海豚群起乱窜，台风可知大半”。海豚的声纳可收听到台风风浪产生的次声波。次声波的传播和声音一样，而且衰减得更慢、传得更远。声音在海水中的速度比空气中更快，是 1 510 米/秒；而台风的移动速度大约为 20 千米/时。台风在 500 千米之外，它的声音在海水中只要 5 分半钟就传到海豚等动物了，而台风还要等 25 个小时才可到来。

另外，水母的大量出现也是台风将至的前兆。这是由于水母体内特殊的声学构造，可感知台风所产生的次声波的缘故。群众中还有许多了解台风信息的经验。

5. 置身台风中的避灾办法及变害为利的研究动向　防台风的最好办法是提前做好防台风准备。首先要防台风的直接破坏和风造成掏岸浪的破坏，及早实施加固、防护或躲避的办法。台风将临，各种船只要迅速到邻近港湾避风，实在来不及躲避的则要逆风行驶。特别是在风半圆（危险半圆）内，采取右弦船头对着风向；如果在雨半圆（可航半圆）内，可让右弦船尾对着风向。

为了减小台风的破坏力，人类多年来试图对台风施加影响。近几十年来国际上在进行削弱台风试验，在台风眼四周的云墙播撒碘化银等催化剂，使云墙范围加大、能量分散，从而使风速减小。如果能使风速减小 10%，则可使损失减少 1/2。人们正在努力，人类影响台风不是不可能的。

要尽量减少台风危害，也要利用台风带来的雨水更好地为人类服务。我国台风影响最多的 7～8 月份正是南方的伏旱时期，台风雨正好可起到缓和伏旱的作用，对晚稻等农作物是很有利的。对于与沿海省份毗邻的省，因为风力一般比沿海要小，所以雨的得益则更明显。但是要注意防台风暴雨造成的雨涝和山洪，也是重要的。要有针对性地搞好封山育林，减小径流强度；搞好水库管理，以防垮坝；农田要注意开沟放水，以防涝害。另外，利用台风的风力发电，变害为利，经过努力也将是可能的。

二、龙卷风危害及防御

(一)龙卷风概述　龙卷风,群众也称之为“吊龙”、“龙吸水”。鼻状云体自云底伸出,或悬于半空,或直达地面。像是传说中的龙在取水,把池塘吸干、毁农田,有的还造成鱼雨和蛙雨等;或者狂风怪啸,将地面物体吸上天空,拔树倒屋,使建筑物受损。

近年来,江浙一带就有龙卷风灾害。扬州3县受袭击,造成数百人伤亡;上海市曾有龙卷风把大汽油筒刮到大树杈上。

1975年5月30日,安徽省桐城、怀宁2县部分地区遭受较强龙卷风袭击。开始风力有10级,后来增至12级以上。桐城县有些1米直径的大树被拦腰拧断或连根拔起,有10间新瓦房被风从半腰推断。怀宁县局部地区遭受毁灭性破坏,房屋夷为平地。据不完全统计,风雹共造成3万公顷农作物受灾,损坏房屋8 600多间,损毁大型农机具240多件。损失贮备粮食6万多千克、双季稻种8万多千克。怀宁县受伤400多人,死亡2人。

1997年5月2日下午16时许,山西省高平市寺庄镇和永录乡的7个村遭受特大龙卷风袭击。寺庄镇马家沟村机砖厂一个高45米、基座直径4米的烟囱竟被龙卷风拔到空中。这场龙卷风造成35人受伤,倒塌损坏房屋400多间,刮倒刮断树木6 000余株。

1990年7月29日下午18时,一龙卷风从湖南境内大通湖上岸后直插南县沙港乡的5个村,持续了15分钟,致使所有农作物倒伏、树木连根拔起、高压电线杆拦腰折断,有的屋顶被抛到20米以外。还有一次,八一村村民吴克郁在水塘里的170多只鸭子,被龙卷风吹得贴在墙壁上贴了5分钟之久。青年吴立军到楼上关窗户,风把他从二楼的窗户里揪了出去,随风飞过了2栋6米高的房子和1根高压电线,在空中飞行了约14分钟,掉落在稻田里。

龙卷风是强烈旋转的涡旋,是一种极具危害性的小尺度风暴。其实龙卷风非龙、非怪,只是一个强烈旋转的低气压涡旋。它的落地直径，在海上一般为25～100米；在陆上为数十米至3 000米不等，多数在1 500米以内。龙卷风中央的上部是像台风眼似的眼区。龙卷风的壁是云墙，再外围或是水或是尘沙及杂物。

龙卷风的寿命较短，一般只有几分钟至几十分钟。移动速度为时速几十千米，其行程为几米到几十米，少数可达几十千米。但是其破坏力极大。龙卷风气柱上升运动和强烈旋转运动的离心作用，使其中心气压降得很低，可降到400百帕甚至200百帕以下，只有正常气压值的20%以下。由于气压梯度很大，所以龙卷风的风速可达100米/秒，比12级台风的风速还要大好几倍(12级风的风速为33米/秒)。龙卷风经过时，强烈的旋转力和几秒钟内就会有的巨大气压差所产生的巨大吸力和“爆炸”性破坏作用，足以使坚固的建筑物遭到破坏，使大树被拔起，甚至把所经之处夷为废墟。

龙卷风巨大吸力可把地面杂物和水及水中鱼、蛙之类卷入空中，带到其他地方随雨抛下，便形成了鱼雨、蛙雨、泥雨、谷雨等各种怪雨。所以，怪风、怪雨并非什么怪异，也并非什么不祥之兆。

汉宣帝(公元前73年至公元前48年)时，江淮饥谨，人相食，江淮雨谷三日，魏、秦等地亡谷二十顷。此例是说陕西、河南等地20多顷谷子丢失了，而江淮降了谷雨。这非常典型地告诉人们，粮食雨乃是风把一地方的粮食卷上天空而在另一地方随雨落下所致。

龙卷风一年四季均有发生，多发生于每年的4～8月份。一天当中多发生于午后。可能产生龙卷风的局部天气状况有：浓厚而黑暗的低云和狂风、暴雨、强雷电及大冰雹天气。龙卷风的到来以巨大的隆隆轰鸣声为先导，犹如一列火车或飞机通过时发出的响声，这是龙卷风携带的尘沙、杂物或水等的强烈摩擦和撞击声，以及建筑物被破坏的声音的共同效果。

因为龙卷风多发生在对流旺盛而又暖冷空气都比较活跃的情

况下,所以在对流旺盛的时期,在经向环流高空常有下沉冷气流的中纬度地带龙卷风相对较多。如世界上龙卷风发生最频繁、受害最深的国家是美国,其次是澳大利亚、意大利、日本等国;我国也是北纬30°附近的地区相对较多。

1999年5月3日美国俄克拉何玛州俄克拉何玛城的龙卷风,其风速最快达142.2米/秒。1987年以前的35年中因龙卷风平均每年死亡90人。美国历史上死亡人数最多的一次强龙卷风发生于1925年3月18日,密苏里州、伊利诺伊州和印第安纳州有689人遇难。我国各地几乎均出现过龙卷风,每年受害人数也较多,仅1986、1987年两年全国因龙卷风伤亡人数就达4000多人。

(二)龙卷风成因　龙卷风的形成与发展与下面的物理因素有关。

第一,云内有强烈的风切变,即积雨云中有极强烈的上升运动和下沉运动,这对力偶可形成有水平轴的涡旋,涡旋较低的一端则有可能伸出云底形成漏斗状的龙卷风。

第二,有极强的对流性不稳定条件。一般发展成龙卷风的情况是上、下云层之间的温差较大;云内下层水汽凝结放出热量,而上层辐散温度降低,或高空有冷空气下沉。

第三,地面有上升运动,而且水平方向有风切变与之配合。在强冷锋上强对流发展会产生气压涌升区,其前缘即飑线。如有2个或几个飑线,则在其交点之前会有左旋的风切变,在交点的后方会有右旋的风切变。也就是说,地面如有强冷锋相配合,冷锋若有2个或几个飑线,则飑线交点附近有利于龙卷风形成和发展。

(三)龙卷风防御　龙卷风的预测预报比一般中小尺度天气难度更大,但是随着气象科学的发展和人们对龙卷风的进一步研究,人类对龙卷风的预测预报和防范也将成为可能。

1. *用爆炸法破坏龙卷风的形成*　20世纪90年代,德国科特布斯的吉泽拉·基尔曼发明一种利用爆炸对付龙卷风的方法,并获得了专利。基尔曼的方法是利用特种飞机对龙卷风产生地区进行监视，一旦发现有龙卷风形成，即向龙卷风中心沉下充满爆炸气体的气球使其爆炸。他认为，爆炸可以使暴风的形成过程受到巨大破坏，将云团变成降雨，从而阻止巨大能量的破坏性释放。

2. *龙卷风来临时的个人安全防护措施* 在家，迅速关闭门窗并立即在地下室、床下或内室过道躲避，务必离开窗口和房屋的外围墙壁。在学校，迅速转移到楼道或室外宽敞场地，抱头俯卧于地面。在野外，就近寻找低洼地带趴下，并注意可能出现的洪水。在活动住房或临时住房，应迅速离开，奔向附近坚固掩蔽体或低洼地带躲避。

3. *人造"龙卷风"将造福人类* 可怕的龙卷风也将会在21世纪成为人类社会的新能源，为人类的文明进步做出积极贡献。科学家根据龙卷风形成的原理，提出太阳能龙卷风发电站模式。方法是架设一个大面积的、完全透明的圆形塑料薄膜顶棚，棚四周向中心逐渐升高，并与中心的烟筒塔相连，当塑料棚内的空气被阳光晒热至20℃～50℃时，空气便流向筒状高塔，再沿高塔上升，形成人造龙卷风，带动塔中的叶轮，推动发电机，就能发出电来。这种太阳能龙卷风发电站，就是外界无风，塔内的气流速度也能达到60米/秒，即达到龙卷风风速。太阳能龙卷风发电站的容量可达到100万千瓦。20世纪90年代，日本和美国的科学家已成功地造出这种原理的试验电站。据科技界预测，到21世纪前期，实用的人造龙卷风发电站就会出现，作为无污染能源为人类造幅。

三、大风危害及防御

(一)大风概述 人们常可看到长得很好的小麦、水稻等在一阵大风之后倒伏了，已经黄熟的小麦、谷子被大风吹落了粒，呼呼作响的大风使农事难以操作，有时大风使树枝折断、树木受损、渔船不能出海捕鱼。人类生产活动种类很多，受影响的风力也不同，所以影响生产的大风标准就不一样。据各地的经验，对农业生产有明显影响的风力一般是平均风力达到和超过6级，相当于风速10米/秒以上。气象部门以瞬间风速17米/秒以上或者达到和超过8级才记为大风。

全球大风最多的地区在南极。南极的维多利亚地的年平均最多大风日数达340天，几乎每天都在刮大风。美国得克萨斯州的维奇塔福尔斯1958年4月2日记录到，地面最大风速为125米/秒。我国曾在台湾附近的洋面上测到90米/秒的最大风速。我国大风最多的是吉林省安图县的天池气象站年平均大风日数270天，新疆维吾尔自治区的阿拉山口年平均大风日数也可达到230天。

大风春季居多，8级和8级以上的大风以4月份为最多。北方多数城市4月份8级和8级以上的大风日数有3～12天，远多于其他月份。大风不仅影响农事活动，有时还可造成严重灾害。大风还可造成农作物倒伏而减产，若在作物灌浆成熟期则造成落粒而失收。"落地风"和极小范围的风切变还是农作物倒伏和飞机飞行事故的原因之一。春季大风还使农田水分大量散失，使春旱加剧。

大风的危害也很严重。例如，1990年4月19日23时至翌日1时许，四川南部的威远—自贡—泸州—纳溪—古蔺一线，遭到大风雷雨冰雹袭击，重灾区在泸州、纳溪境内，影响范围约11 000(200千米×55千米)平方千米，过程历时1～2小时。风力一般为8级，最大的为12级以上。风雹所到之处，房屋大片倒塌，人员伤亡，树林连根折断，庄稼毁灭。1995年7月22日16时许，河南省洛阳市区突遭暴风雨袭击，大风刮倒位于七里河周城大厦的20米高铁塔。

风大不仅直接毁坏庄稼，而且影响人们的活动、影响农事。专家研究，一般来说，站在风眼处，如果风速为10米/秒，还站得住；

如果31米/秒，能把女人吹跑；如果风速33米/秒，能把男人吹跑；如果超过35米/秒，人无论采取什么姿势，都会被吹跑。也就是说风力达到12级就可以把人吹跑了。

据《说苑》载，赵简子问翟封荼："我听说翟雨（雨有降或与雨同降的意思）谷三日，你信吗？"翟封荼回答："信。"翟封荼说，"雨谷三日，乃狂风所飘也。"可见我国古时已认识到大风乃怪雨之源。

海上作业遇上大风更是人命关天。1992年2月23日长江口外出现8级大风，浙江省及舟山地区气象台均提前预报，并发布了大风警报，渔民及时躲避免受风害；受害者是那些无抗风能力的小船和那些想"赶风头"多捕一网的渔民。

（二）大风防御 采用抗倒伏的矮秆抗风品种和及早抢收可减少大风造成的损失。

对于蔬菜防风可以保护地栽培，设置牢固的风障。幼苗可在大风到来之前以泥钵扣盖，对于已倒伏的庄稼要尽量扶直。

植树造林是防风害的重要措施。农田防护林要成网成带。有专家做过测试，大风在进入森林200米深处后，风速只有原风速的2%～3%。作为农田防护林，虽然没有森林那样的大片，但是因为成网成带，其消风作用也有百分之几十。吐鲁番盆地位于新疆的百里风区，自从营造了1 500千米的防护林、70%的农田林网化后，就是8～9级甚至更大的风也形成不了风灾。

四、黑风暴危害及防御

（一）黑风暴概述 由于美国在20世纪30年代前不合理开发西部，大量焚烧草原，盲目垦荒，致使1934年5月发生了震惊世界的黑风暴。这场黑风暴从土地破坏严重的西部刮起，很快就发展成一条东西长2 400千米、南北宽1 500千米、高3千米的一个巨大灰黄色尘土带，连续3天，横扫了美国2/3土地。当时大气含尘量每立方千米高达40吨，把3亿多吨土壤卷进大西洋，毁掉耕地

300 万公顷。

20 世纪 60 年代前苏联出现罕见的黑风暴。哈萨克、西伯利亚、乌拉尔、伏尔加河岸和高加索的部分地区，10 年盲目垦荒6 000 万公顷，由于耕作制度混乱，又缺乏防护林带，加之气候干旱，每年春季疏松的表土被大风刮起，形成黑风暴。1960 年 3 月份和 4 月份的黑风暴席卷了俄罗斯南部大平原广大地区，使垦荒地区春季作物受灾面积达 400 万公顷以上。1963 年的黑风暴比 1960 年更为严重，在哈萨克被开垦的土地上，受灾面积达 2 000 万公顷。

据《古今图书集成》记载，我国古代曾有多起黑风如夜的情况：北魏太武帝太平真君元年（公元 440 年）二月，京师有黑风竟天。这是个黑色龙卷风。北魏孝文帝太和二年（公元 478 年）七月庚申武川镇大风吹去六家羊。（公元 505 年）二月癸卯日，有黑风羊角而上，柔元镇拔树一顷。宋孝宗淳熙十六年（公元 1190 年）六月，行都钱塘门刮黑风。金宣宗兴定三年（公元 1219 年）四月癸未日，陕西黑风昼起，有声如雷。元顺帝至正元年（公元 1341 年）四月戊寅日，彰德有赤风，自西北来，忽变为黑昼。明世宗嘉靖二十七年（公元 1547 年）四月初九，山西有赤风自北来。明万历十九年（公元 1591 年）三月初，黑风自京师来。明穆宗隆庆六年（公元 1571 年）闰二月癸酉日，赤风蔽天。崇祯九年（公元 1636 年）七月二十六日沔阳州黑风。

20 世纪由于我国部分地区只顾眼前利益、破坏气候环境的事例仍有发生。西北地区的黑风暴逐年增加，其中 1993 年是黑风暴出现次数多、强度大的一年。1993 年 5 月 5 日和 1994 年 4 月 7 日，甘肃省河西走廊一带连续发生特大黑色风暴，最大风速达 34 米/秒，风力达 12 级，空气中的粉尘含量超过正常标准的 43 倍，平均每平方千米降落的粉尘在 1.35 吨以上。当时天空出现一大片蘑菇云团，铺天盖地的黑色风暴席卷而来。1993 年 5 月 5 日，发生在我国下班沙漠和干旱地区的黑风卷起 300～400 米高的尘沙，像决堤的巨大洪峰吞没了许多村庄和城市，夺去了数百个家庭的幸福和许多农民一年的希望。据不完全统计，这次黑风暴中失踪400多人、受灾农田20多万公顷，损失林木50 000株以上，损失牲畜70 000只以上。黑风暴造成的土地退化等生态和社会影响则难以评估。沙暴波及新疆、内蒙古、宁夏一些地区，范围之大，举世罕见。当时宋健副总理感慨地要求把黑风暴写入小学课本。

（二）黑风暴成因　有关专家认为，这可怕的黑风暴是由以下3个方面的原因造成的。

第一，由于蒙古国南下的强东风与新疆南部一股强西风会合后，在河西走廊一带形成风向切变线造成的，强烈的风切变可把地面沙尘和疏松的土壤卷起。

第二，地面植被遭到破坏，使生态环境恶化，诱发风暴天气的生成。

第三，流动砂石及疏松沙土给狂风提供了沙尘条件。砂石不只是因大风而起和移动，而且它又可进一步挖掘土壤和砂石，助风为虐。流沙不仅不能使风的破坏力减弱，而且还会加强。

其中地表植被稀疏、生态环境极差是最重要因素。而植被的破坏原因主要是人为的。人们乱割草、砍树枝、乱开矿、采石以及地下水的超采造成水位下降，使大面积植被死亡等造成的。甘肃接连不断发生的黑风暴灾害，给我们敲响警钟，应加强生态环境治理，尽量减轻沙暴的灾害。

（三）黑风暴防御

1. 防风固沙　防止土地荒漠化和沙漠化已是迫在眉睫，要花大气力进行，这是关系到子孙后代的大事。①通过法律的、行政的各种手段保护好现有植被不要再遭破坏，违者以法论处。②要大力植树种草，充分利用有利天气条件以提高成活率。③农田也要有防护林或进行农果（林）组合。④进行人工增雨、人工增雪，充分利用云水资源，促进水分循环。

2. 防止沙漠和荒漠继续扩大　沙漠和荒漠的治理不使其扩大也是防治黑风暴的重要措施。这就需要压沙、固沙，除种树、种草外，还要学习国外的先进经验。例如，以色列的治沙和抗旱技术。埃及的以淀粉及丙烯酸盐构成的强吸水树脂，制成大小1～3毫米的颗粒，混合在表层土壤中，它可以吸取天然的降水、露珠，甚至吸取空气中的水分，形成具有很大弹性的凝胶状块，成为土壤的极好湿润剂，使细沙土壤不会出现板结现象，也不会形成止水层，起到防止土壤沙漠化的作用。西班牙科学家还发明了一种改造沙漠的人造树。这种人造树的枝叶都是由吸水性很强的酚泡沫塑料制成，树干由多层密度不同的聚氨基甲酸乙酯塑料制成，能够吸收空气中的水分，渗入地下。

我们还要运用气象科学知识和其他有关知识，设计出减风、压沙等防止沙漠扩展的可行的办法，以减少黑风暴的危害。

第三节　冰雹、雷电危害及防御

一、冰雹危害及防御

(一)冰雹概述　冰雹是一种自然灾害，是常出现在夏季的块状固体降水，是在夏季强对流云中形成的。冰雹的直径一般5～50毫米，大的有时可达10厘米。冰雹云厚度可达5千米以上，云顶高达12千米以上，云顶温度低达－30℃～－40℃，云中上升气流的上升速度可达50米/秒以上(而一般的云只有50厘米/秒)。雹胚由上升气流的托举不能降落成雨。在上升过程中通过冻结而干增长，待到达云体上部上升气流变弱又向下降落，降落时又与水滴碰并而湿增长。如此反复，当雹体长到上升气流托不住而降落到地面便成为冰雹。

降雹时间一般10分钟，少数降雹可达30分钟。我国冰雹主要发生在4～7月份，占全年总发生率的70%。我国冰雹主要分布在从东北西部至西藏的带状地区；降雹最多的是青藏高原边缘的黑河，年平均有雹日数35.9天。

我国冰雹一般是山区多于平原，春、夏季多于秋、冬季，一天之内以午后为多，干旱的年份冰雹也偏多。

冰雹对庄稼的危害往往是毁灭性的。例如1981年3月29日，一场强烈的风雹天气袭击了湖南省零陵地区和郴州地区共7个县。风力最大有12级，连根拔起了一棵直径为1.3米的大树；冰雹最大的像鸡蛋；局部地区3～5分钟内平地积雹30厘米厚，造成了严重损失。据不完全统计，有405人被砸伤，94人被砸死；还造成一些地区通讯、交通中断；春收作物损失严重。

1993年4月22日、25日、26日，贵州省有1/3以上的县、市遭大风冰雹袭击，阵风风速达20米/秒以上，暴雨强度达100毫米/时，冰雹大小像核桃和鸭蛋，大的直径超过10厘米。如此大面积冰雹实属罕见。据不完全统计，农作物受灾面积达13.33万公顷，死亡53人，受伤1 780人。1993年4月27日17时30分至18时30分，湘西土家族苗族自治州的凤凰、泸溪2县计44个行政村遭到特大冰雹袭击，冰雹维持时间在30分钟左右。凤凰县木江坪镇和邻近的泸溪县小章乡分别出现2.1千克和1.25千克的罕见大雹。降雹密度大，每平方米多达180颗大小不等的冰雹。据报道，2县被冰雹砸坏(毁)秧田、油菜、烟草、辣椒、花生、萱麻、油桐、果树等0.27万余公顷。砸烂房屋22 515间，砸伤村民198人，砸死砸伤猪牛羊309头。

(二)冰雹防御

1. *知雹防雹*　要防雹就要知道冰雹在哪里出现，何时出现。因为冰雹是中小尺度的天气，一般还是比较难预报的，人们要注意收听天气预报，也可以结合实地情况自己试做预报。因为冰雹危害严重，所以人们对它印象深刻，千百年来在实践中形成了许多天气谚语，现举例如下，供预测冰雹时参考。

“久晴久旱，雨要结蛋”、“旱年多冰雹”。旱年多冰雹这是一般规律，因为干旱的年份土地干燥、容易温度高、局地对流强。对流强是产生冰雹的基础，所以旱年多冰雹。

“春季多旋风，夏季多冰雹”。因为干旱多旋风，旋风多也是干旱的一个标志，而旱年又多冰雹，所以多旋风就成为多冰雹的标志。

“热过头，冷子流”（延安）。这是一般规律，天气过热定使对流加强，热过头则对流过于旺盛，当然有利于冰雹（冷子）的产生。

“九月雷响十月雾，来年收成保不住”（河北平山县）。农历九月雷和十月雾都是深秋和冬季不正常地偏暖而出现的反季节现象，反常则可能预示着未来也反常，可能有冰雹。

“腊月热过头，来年冷子流”（陕西麟游县）。这里说的是农历腊月热过头的反常，预示着未来也反常，可能有冰雹。

“要吃来年饭，八月初一看”（贵州大方县）。大方县气象局普查，农历八月初的天气状况与翌年当地重要灾害春季冰雹有规律性关联，尤其是农历八月初四天气有雨、风速大于 3 米/秒、日照少于 6.1 小时则对应翌年 4 月份有冰雹；反之则无冰雹。对应率达 80％。

“立春前后大冷风，百日冰雹不落空”（河北）、“春雪多，夏雹多”、“春雪一百二十天有冰雹”（宁夏）。这 3 条谚语都是说春雪对应着 100 天左右或 120 天左右的夏季或初夏会有冰雹。这是一种统计的韵律关系。

“黑云镶红边，必是冰雹天”（云南、浙江、安徽、河南、广西）、“乌云红梢子，必定下雹子”（全国）、“红云戴帽有冰雹”。这几条谚语都是说乌云很黑但是带有红色的边。许多地区都有“初夏云彩黑心红边，下雨必有冰雹块”的经验。因为云层太厚而且有许多大小水滴、冰晶和雹胚，阳光几乎不能透过，所以云体很黑，只有边缘处可透过一些太阳光。但是这透过的一些阳光也因为有大量的水成物，吸收了大量短波光，只有波长比较长的红光能透射过来，有的也可能透过一些黄光，所以黑云镶红边表示云中有许多大小水滴、冰晶和雹胚，故而会下冰雹。

“云彩起金边，冷子要见面”。与前一谚语类似，只是云的边缘透过的阳光中黄光多了一些。但是要注意与傍晚太阳光照射云顶反射出金色光线好像云彩镶了金边相区别。

“黑白黄云搅，雹子小不了”（河北、山西）、“黑云乱翻花，雹子要到家”。这都是云内强烈对流的表现，这正是雹胚成长为冰雹所需要的条件。

“疙瘩云，雹临门”（山西、宁夏）。降冰雹的云是强烈发展的积雨云类，对流非常旺盛使云体一处处隆起，好像有很多疙瘩，如积雨云、乳房状云等。

“刮黄风乱交云，当心雹子打死人”（山西）。刮黄风乱交云这是对流强烈发展的恶劣天气，这也是容易产生冰雹的天气。

“拉磨雷，冰雹堆”。雷声实际是闪电在放电过程中引起空气爆炸产生的声音，后面的隆隆声是爆炸声的回声。大家知道厚重的声带发出的声音比较低，短薄的声带发出的声音比较高。同理，比较干的空气的爆炸声相对比较高脆；湿空气，特别是有许多大小不等水滴、冰晶、雹胚的气柱的爆炸声相对要低沉得多。大气中有逆温层存在时（如锋面逆温等），即随高度升高温度反而上升时，声音会折返回地面，又在凸凹不平的地面经多次折射和反射，在地面就会听到隆隆的雷声。

“雹打一条线，年年旧道串”（内蒙古、河北）、“冰雹走老路”（山西、河北）。因为多数冰雹是由地方性强对流造成的，就是谚语所说“冰雹本地生，外来很稀松”。所以地方的地理特征和下垫面没有改变，它的起源和路线一般也没有太大改变。

“雹打高岗，霜打洼”。因为冷空气较重，沉积在下，所以低洼处更容易遭受霜冻；而高岗往往促使空气抬升，有利于云雨和冰雹等的发生。

2. 防雹消雹　在气象部门指导下用高炮防雹是有效的，现已被许多地区所采用。在下冰雹之前用高炮轰击雹云促水滴碰并和向雹云中撒播干冰、碘化银等成冰核促进云滴提前变为雨滴降落。这就是人工消雹。

据有文字记载，人类影响局部天气最早也是在中国。1695年，中国清初刘献庭《广阳杂记》卷三记载甘肃人民用火炮消雹的方法。在其他记载中也有明、清时期在中国甘肃用炮轰消雹成功的记载。1958年及以后，人工防雹和人工降雨的室外作业在较大范围展开。

防雹要打云头。“打云头，云转向；打云腰，云开裂；打云尾，防不住”。要“打早不打晚，打头不打尾”。这都是效果很好的消雹经验。

因为人工影响天气可以增雨抗旱、防雹消灾，所以老百姓非常欢迎。笔者感而命笔，成一科普诗：

性怪僻兮质硬冷，暖做寒兮暑做冰。
雨雹异兮同为水，相去远兮何殊同。
怪僻只有怪僻故，形异皆因气异成。
乌云滚兮黄容现，雷深沉兮闷其声。
炎凉甚兮气已冷，湍风急兮雨难成。
忽凝华兮忽冻结，冷且坚兮逼做冰。
行于夏兮伤禾稼，民心焚兮谓天杀。
穷其由兮问其理，何故不分善恶伐？
天作孽兮行有常，识得机理有防方。
炮声隆兮云滴并，施冰核兮雨成行。
冷子未成甘霖降，祸兮福兮孰执掌？
神灵何曾识民意，科学方能除灾殃。

二、雷电危害及防御

(一)雷电概述 1992年8月30日雷电横扫河北省满城县高士庄村和杨庄村。这天深夜，在自家院里乘凉的村民们正要回屋睡觉，忽然一道强烈的闪电照亮了漆黑的夜空，紧接一声炸雷，只见一个大火球，如旋风般横霹高树和电线杆以及高房屋的顶部，然后从窗户窜入室内，不到一个时辰，两个村庄被击毁房屋17间、家具14件、家用电器107台，烧毁变压器1台、电表428块、输电线路2 500米、扩音设备1套，还击毙大肥猪2头，部分村民受轻伤。

1983年9月10日夜电闪雷鸣风狂雨猛，3时15分一道蓝色的闪电划破长空，霹雳声中跳出一个直径约20厘米的火球，正好击中嘉定桃浦二库东面6条堆垛中间，燃起熊熊大火，把正待出口美国等地的大量麻袋、山芋干等物品烧毁。1993年9月15日14时许，在一阵雷声之后，飞来一个直径有10多厘米的火球，飘进辽宁省新宾县红升粮库院内，接连把3个粮囤囤尖削掉。火球最后落在第四个囤尖上，一声巨响之后，把这个囤尖燃着，浓烟滚滚。

雷电伤人的事更是不胜枚举。

雷击引起的火灾通常有3种形式：直接雷击火灾、感应雷击火灾、球状闪电雷击火灾。雷雨时，人们看到的空中闪电，其长度可达50千米。电闪雷鸣前一霎间，地面与有雷电的云之间的电位差约为1亿伏，最大时可达10亿伏。闪电电路(通路)上的温度高达25 000℃～27 000℃。雷电释放出的热能，平均1次约2 092万千焦。如被雷电击中，其能量可毁灭一切。

据估算，整个地球上的雷雨，平均每分钟达35次。雷雨活动最剧烈的地方是赤道带和热带。在赤道地带，平均每年有100～150个雷雨日。地球上有几个世界性的雷雨源地，印度尼西亚的爪哇岛平均每年雷雨天数220天，非洲中部150天，墨西哥142天，巴拿马135天，巴西中部106天。地球上每年雷雨日数最多的是印度尼西亚爪哇岛西部的名城茂物，茂物每天正午时分必定下雨，下雨又几乎都要打雷。据统计，茂物每年的雷雨日数平均 332 天，因此，有人称它为世界的“雷都”或者“雷极”。我国长江以南年平均雷雨日数为 40～80 天，长江以北为 25～40 天。我国的“雷都”是云南的勐腊，年平均 128 天（最多 148 天）。

在荒漠地区很少发生雷雨，如撒哈拉沙漠北部、南太平洋沿岸的荒漠地区、阿拉伯半岛沙漠及摩洛哥等地几乎没有雷雨。智利以西的太平洋中，平均每 5 年才能听到 1 次雷声。这些地方雷电少，主要是因为荒漠地区下层大气中水汽很少，很难因水汽相变而给大气大量能量。而海洋因为远不及陆地的对流旺盛，加之海洋很少有凸起之处，所以雷雨比陆地少。

山西省应县木塔为何经历了 2 000 多年一直不遭雷击。据山西大学、西安交通大学的有关专家分析研究发现，该塔虽然没有现代避雷设施，但是塔基及土层处于干燥地带，具有一定的绝缘性能，塔身结构与现代电气设备中的绝缘结构某些方面相近，不放电也不引雷，所以木塔有较好的避雷性能。

根据尖端放电原理，一般是地表高出之处及有某种地质条件之处放电，所以，被雷电击的地方一般是地表与云之间的放电的凸起之处。但并不是凡地表与云之间的放电之处都被雷击，而是地表与云之间放电不畅之处才被雷击。因为放电不畅，产生的少量电荷不能及时放掉，则电荷不断累积，待达到某个数量时则会形成突然的大量的云、地放电，即被雷击；而放电畅通的地方，产生的少量电荷随时被及时放掉和流到更广大的地层，所以可避雷击。

（二）雷电的防御

1. *充分发挥避雷针的防雷电作用*　美国科学家富兰克林以身殉职发明的避雷针技术，已在世界范围内使用 260 多年了。避雷针在防直击雷方面确实有一定的防护作用。而避雷针是靠引雷作用避雷的，它是使雷电被吸引到避雷针上而没有落在被保护物上而避雷，但在强大的雷电流沿针而下入地的过程中，也会形成感应电压，对现代电子通讯设备、电源线路造成严重威胁。因此，防雷击重要的是要有尖端和与大地的良好导电。这就要求一要有避雷针，二要避雷针的线路要通，三要接地良好。这样才能及时放电，否则就会避雷不成反而引雷。

为了接地良好，有必要推荐一种好材料，它就是稀土元素。用稀土元素作接地材料效果非常好。稀土元素在我国包头的储量很大。

有些单位在设备防雷保安上仅采用一种方法和只对需防护场所的某一部分进行防护（局部防雷），这是远远不够的，因为未能阻塞雷电从其他途径侵入。

雷电损坏设备通常有 4 条途径：一是直击设备而致其损坏；二是雷电电磁脉冲沿着与设备相连的信号线、动力线侵入设备而致其损坏；三是设备接地体在雷击时产生瞬间高电位而致其损坏；四是设备线路布局、安装的位置不规范，受雷电的电场、磁场的影响而致其损坏。

综合防雷是相对于局部防雷的一种设计方案，设计时要了解被保护对象所处的天气环境条件，确定被保护对象的防护等级和主要技术措施。这就需要设计人员具备气象专业知识，充分了解该区域的雷电活动规律。比如某一高大建筑物恰恰处于雷电活动和移动的上游位置，那么此时设计者应把防直击雷对建筑物的危害放在第一位，其次才考虑被保护的敏感设备的位置和综合布线。反之，如果被保护对象建筑物比较低矮，周围已有较完善的直击雷防护措施，则设计的重点应是防备敏感设备的感应雷击、雷电波侵入和进行电压保护。

整体防雷设计时还要充分了解被保护对象所在建筑物的结构和低压配电方式、综合布线方式。在我国强制性国家标准《建筑物防雷设计规范》中有整体防雷设计的明确规定。要详细调查被保护设备的性能、技术参数以及设备所处的防雷区，以采用相应的保护措施。在1995年我国还公布了国际标准《雷电电磁脉冲的防护》。

科学家们测得带正电荷的闪电中的电流有时要比带负电荷的高很多倍。如果科学家可以预测带正电荷的闪电可能出现的位置，那么他们便能预报雷暴中危害最大的区域。

2. *激光防雷是防雷电的最新研究成果*　为了避免雷击事故，利用激光改变雷电走向可以防雷电。20世纪90年代日本大阪大学电气工程部和日本关西电力公司发明了一种激光防雷技术。该技术是通过传感器发现可能出现雷害的电离子集中的云层，利用激光反射镜向另一方向发射激光束，激光束在云雨层中迅速高温离子化，而形成等离子体团，将可能发生碰撞的电离层成功地利用激光改变雷电走向，将雷电引向避雷塔；或将可能发生碰撞的电离层引向另外的区域，而使其逐渐放电化解。该技术已首先在关西电力公司的高压输电线路和变电站采用，从而完全避免了以前因雷击而导致的停电事故。

第四节　霜冻危害及防御

秋季的早霜冻对晚熟秋作物，特别是对因前期生长迟缓或管理不善而未能及时成熟者可造成危害，影响产量和质量；春季晚霜冻对越冬作物返青拔节后耐寒力减弱以及春播喜温作物的苗期可造成危害。以我国曾发生过的严重霜冻为例：1953年4月中旬的霜冻使黄淮地区冬小麦减产数十亿千克。如能及时采取措施防霜冻则可减轻危害。1989年7月24日和27日凌晨，河北省张家口地区崇礼县狮子沟乡11个村和张北县战海乡9个村先后降霜，致使这些地方的主要农作物受到霜冻，面积达280多公顷的土豆、云豆、瓜菜等几乎全部绝收，个别稍轻些的至少也要减产八成。这次霜冻比常年霜冻日期提早 40 天左右。

一、霜冻概述

（一）霜冻的概念　霜是近地层水汽直接凝华于地表物表面的现象，霜冻则是一种农业气象灾害。它不是某一物理方面的概念，而是植物（农作物）的一种灾害，是由霜和冻作用于植物，而使其生理生化过程（代谢过程）发生障碍或受到破坏的过程从而造成的危害。就是说，它是低温、结冰和生物反应 3 方面而产生的生物受害的现象。所以产生霜冻可以没有白霜也可以有白霜。

霜冻的产生，秋季（或春季）往往有强冷空气南下，常于“天雨新晴北风寒彻”之后的后半夜至平明时分成霜。降温一般有 2 种情况：一是冷空气南下，造成平流霜冻；二是地表热量辐射散失，造成辐射霜冻。

我国初霜平均日期，东北和内蒙古一般在 9 月中旬，紧邻的稍南地区在 9 月下旬；华北大部一般在 10 月中下旬；长江流域一般在 11 月中下旬；华南霜冻较少，一般在 12 月份以后。

霜冻对农作物的危害，因作物的种类、品种的不同抗寒性能及其发育状况以及霜冻持续时间的长短等差异而有轻有重。例如，同是 0℃～－2℃的轻霜，对小麦和油料作物就没有影响，而瓜类作物就承受不了；谷子、玉米、高粱和水稻等谷类作物抗寒能力也较弱，仅能抵抗－1℃～－2℃的低温。所以当遇到低于－2℃的霜冻时它们都同样会受害。即使是同一种作物，由于发育期的不同，抗寒能力也不一样，一般作物在出苗期和成熟期均比抽穗期和开花期的抗寒能力强。例如，小麦苗期可抗－7℃的霜冻，而分蘖期－4℃～－6℃就会受冻，拔节期－3℃～－5℃就可产生严重霜冻。另外，持续时间长的霜冻就比持续时间短的霜冻所造成的危害要严重得多。

(二)纠正“白霜无害”论的错误 过去有些人只从“凝结放热”推说:结“白霜”可推迟降温,而认为“白霜对植物影响不大”,甚至认为“白霜无害”。其实这是一种不求甚解的不正确的认识。

20世纪80年代和90年代,科学家们发现,促使水在0℃时结冰的结晶中心竟是一种细菌,其冰核并不是过去所认为的那些粒子,而且结冰细菌不只1种。生物学家们发现,在正常情况下,许多对短期温度降低至0℃并不受影响的植物,却在一次短时间冰冻中深受其害,原来罪魁祸首就是结冰细菌。专家们的试验结果表明:在相同的、足以引起植物受害的低温条件下,结白霜的一组在温度回升后全部死亡,另一组同样低温的而没结白霜的则全部存活。结冰细菌可以使植物原生质结冰而造成植物细胞死亡;或者使细胞外、细胞间隙的水结冰,导致细胞死亡。而后,这些冰核活性细菌就会吞噬植物细胞的尸体和活力已极微弱的受害细胞,从而使植株受害。

霜冻使作物受害是这样几种情况:①结冰细菌使植物原生质结冰而造成植物细胞直接死亡;或细胞间隙结冰和细胞内的水结冰,冰晶使细胞膜、原生质受到破坏而死亡。这是最严重的一种情况。②细胞外结冰(凝霜)、细胞间隙结冰。因为冰面饱和水汽压小于液面的饱和水汽压,所以细胞内的水分不断被吸到细胞外凝成为冰,使原生质脱水;霜后天晴,气温又突然回升,把农作物细胞里渗透出来的水分又很快变成水汽被蒸发掉,使细胞失去的水分再无法复原,使农作物因细胞脱水而造成“细胞干旱”、枯萎而死亡。③受到冰冻或低温伤害的细胞,虽然未死,仍会被成冰细菌吞噬。④受到冰冻或低温伤害的细胞虽然未死,但是霜冻使农作物的生理生化过程(代谢过程)发生障碍,后来虽然存活,但因曾受到伤害,所以造成以后的产量质量受影响。

总之,结冰是致害的重要因素。而绝对纯净的水,只有当温度降至－40℃时才结冰;有那些粒子的水要到－10℃以下才可能结冰;植物组织中的水溶液降低至－8℃以下也不结冰。细胞液在短时间的过冷却状态下并不受害。20 世纪 70－80 年代科学家发现 4 种细菌,在稍低于 0℃就可具有冰核的活性,并证明它们是引起霜冻的原因。成霜细菌形成白霜后,霜对这种细菌并无影响,但是作物的细胞则如前所述受到伤害,或已死亡,或生理技能极其微弱,于是细菌便可以吃被霜过的植物细胞,使植物受害。

人们常常看到,一场白霜过后,成片的草地枯黄了。这就是白霜造成的。

正因为如此,消灭成冰细菌自然就成为防霜的一条重要思路。近些年来经科学家大量研究已经找到一些吞噬成冰细菌的噬菌体和拮抗菌。例如无冰核活性的草生欧文氏菌能吞噬冰核活性细菌,使其密度大大降低,不能发挥冰核作用。当植物的体温达－2℃～－5℃时,尽管呈过冷却状态,但仍不能成冰,对植物不能造成危害。

此外,还可以使用链霉素等抗生素喷洒植株表面,以杀死成冰细菌,从而防止霜冻危害。

(三)霜异于雪 从霜和雪两者都是白色冰晶物出发,有人可能还对白霜有害抱有一点疑虑——雪能保温霜也应能保温啊。为何雪对作物有益而霜对作物有害呢?

雪与霜的利害相反,因为雪的成冰过程、发生的时期、微生物等方面都不相同。

第一,雪是空中水汽凝结成的冰晶,而后降落于地面和植物表面。积雪是由众多六瓣小雪花堆积而成,积雪中有许多空气,不利于其下面的热量散失和更冷的空气进入,因而雪能保持雪下温度在 0℃左右,保护越冬植物不致被严寒冻死;霜是直接结晶于植物上,是冰晶在植物内、外长大,不能堆积成“棉被”。所以霜只能危害植物,不能保护植物。

第二,雪形成于隆冬严寒时期,缺少病菌等微生物可能造成的危害；霜形成于冷暖交替的秋季和春季，这时病菌等微生物仍较多，而且这时作物的抗寒能力也较低，所以霜形成的时期作物极易受害。

第三，霜形成于有成冰细菌的植物表面，成冰细菌可以直接、间接危害植物，植物受冰的危害又受细菌的危害。

(四)霜百害或有一利 人们对霜之过知之多矣，但是说霜也有可取之处、也可以利用，人们可能就知之不多了。

1 500 多年前的《齐民要术》辑 2 000 多年前的《氾胜之书》中说："芸苔足霜乃收，不足霜即涩"。还记有"收越瓜欲饱霜，霜不饱则烂。"我国劳动人民在 2 000 多年前就知道一些耐寒蔬菜需经霜，经霜而不涩，经霜而易贮。1 600 年前，西晋陆机有诗云"疏荼苦菜生山田及泽中，得霜甜脆而美。"其实，这些情况按现代科学来说，低温有利于植物体内物质转化，温度低于 10℃则淀粉可转化为糖，糖分增加则抗低温能力和抗腐能力提高。这也就是一些耐寒蔬菜和瓜经霜甜美不涩和易贮的道理。

南宋诗人杨万里在诗中赞美霜后色愈浓："荒荒瘦日作秋晖，稍稍微喧破晓霏，只有江枫偏得意，夜摇霜水染红衣。"可见霜的出现可带来美景和美好的旅游季节。

"霜重色愈浓"。植物体内的花青素在酸性溶液中呈红色，在碱性溶液中呈蓝色。叶绿素在变老时会转化为叶黄素，受到破坏会变成褐植素，这便使显示绿色的能力大为减弱，而出现黄、褐等靠近红、橙的颜色，这使花青素的显色作用得以发挥。

花青素是一种配糖体，所以糖多它就可能多。而植物体内的淀粉有一种特性，就是在 10℃以下就会转化为糖，而且温度越低则越快越多地转化为糖。所以，在 10℃以下的低温条件下或者初霜冻以后，植物叶片内糖分大量增加，花青素等当然也大量增加。另外，植物的体液中糖分多则酸性增强，糖分少则酸性相对偏弱。就是说低温使糖增加，使花青素增多，也使酸性增加。

较多的花青素在酸性体液中便呈现出红色，所以深秋时叶片变红了，特别是霜后叶片更红，且由于叶绿素变老和遭破坏而转化为叶黄素和褐植素。因此，秋霜把个秋山涂抹成以红色为主的彩色，于是就“霜重色愈浓”了。

所以防霜冻应当是有针对性的，要针对具体作物，譬如甘薯、秋玉米、小麦等。

（五）霜冻古今谈 “大火流兮草虫鸣，繁霜降兮草木零。”我国东汉著名科学家张衡的诗描述了火星西移的深秋时节秋虫鸣叫、繁霜出现、草木凋零的景象。

因“严霜杀物”令“百工休”，所以霜早已被我国劳动人民及科学家和文人所关注。

早在3 000多年前的殷周时期，《易经》中就记有“坤卦初六履霜坚冰至”、“履霜坚冰阴始凝也。”2 500年前我国最早的诗歌集《诗经》中记有“九月肃霜”即农历九月气肃而凝霜；《诗经》中还说“魏风纠纠葛履可以履霜”，意思是微弱的北风情况下寒凉则可出现霜。《礼记》中也有“秋常霜露”的记载。《五经通羲》中则更明确指出“寒气凝以为霜，霜从地升也。”这可算是最早对霜做出的科学的解释。《诗经历枢》记有“天霜树落叶而鸣雁南飞”的物候现象。屈原在《楚辞·远游》中也有“微霜降而下沦兮，悼芳草之先零”，指霜杀物的情况。在《山海经·中山经》、《淮南子》和《吕氏春秋》中都有关于霜的记载。

宋代著名哲学家、教育家朱熹在《朱子语类》中说：“高山上无霜露却有雪，某常登云谷（山），晨起穿林薄中，并无露水沾衣，但见云霞在下如大洋……或问，高山无霜露其理如何？曰：上面气渐清风渐紧。”也就是说高处水汽少、凝结核少，而且风大，所以高山无霜露。这与近代气象科学的解释也是一致的。

大家知道，空气的温度随高度上升而降低，高度每升高100米气温下降约0.7℃；而山的地表温度的垂直梯度比气温梯度要小，高度每上升 100 米温度下降一般不多于 0.6℃。所以山地表面温度常高于或不低于气温，而且靠近地表面的空气辐射冷却后因较重而沿山坡下滑。这正如朱子所论高处水汽少、凝结核少，而且风大，所以高山常无霜露。

宋代邵雍的“霜露吟”诗云“天地有润泽，其降也瀼瀼，暖则为湛露，寒则为繁霜。为露万物悦，为霜万物伤。二物同一气，恩威何昭彰。”诗指出霜并非是露结成，而是二物虽然都是水汽凝成物，但是凝结为水则是露，若寒甚，水汽直接凝华为冰晶则是霜。由于冰与水的巨大温度差异，及一系列的物理、生物的差异而对植物威恩差异何等悬殊。

二、霜冻防御

(一)知霜防霜　防霜冻还要预先知道将有霜冻。我国古时有不少预报霜冻的经验，最典型者可算北魏贾思勰著《齐民要求》中辑 2 000 年前之《氾胜之书》所载“植禾夏至后八十九十日，常夜半候之天有霜。”又载“天雨新晴，北风寒切，是夜必霜。”这是根据天气特点来预报霜冻，这与《诗经》中所说“魏风纠纠葛履可以履霜”、唐代刘禹锡诗云“山明水净夜来霜”均相同。还有根据物候预报霜冻的。如唐代诗圣杜甫诗云“故国霜前白雁来”，这与宋代科学家沈括在《梦溪笔谈》中说的“北方有白雁，小而白，河北人谓之霜信”相一致。现代人说“雁足带霜”，即雁南飞，见则霜将现。谚语“九月雁门开，雁过带霜来”(河北、山西)、“大雁南飞，霜冻来临”(河北、内蒙古、黑龙江)、“初霜日期不用算，鸿雁过后十八天”(河北)，就是由雁南飞来预报霜冻的。

华南一般很少有霜冻，正因为如此一但出现霜冻则危害很大。广东普宁县谚语云“有奇热必有奇冷”。是以 8 月份最高气温高于 35℃历 3 天为“奇热”指标，来预报翌年 1 月份有霜冻。

“青蛙入地早，冬霜少不了”(广东普宁)。正如“巢居者知风，穴居者知雨”一样的道理，一些入地冬眠的动物对冬季的寒冷有特别的体会，这种动物根据前期特点与冬季寒冷的联系，万千年来的体会逐渐形成了这种本能。

谚语“初霜早，终霜早”（江苏）、“初霜早，春霜早”。这是华东地区根据当地的季节推移关系总结的经验。

“初霜早，终霜迟；初霜迟，终霜早”（云南、贵州）。这条谚语与前面一条不同，这可能是西南地区与华东地区的气候特点不同，西南地区冬半年的冷暖年型比较明显。

“冬天暖，春霜晚”。这条谚语实际上也与“冬暖春寒”和“秋占冬十日，冬占春十日”的含义基本一致。反映了季节推移关系。

“暖春头，冷春尾”。以北京资料立春所在月份2月份平均气温高于多年平均值的年份为暖春头年，对应地面最低温度0℃终日在4月20日以后；2月份平均气温低于多年平均值的年份为冷春头年，对应地面最低温度0℃终日在4月20日以前。相关达85%。

“夏雨淋透，霜期推后”。这是因为夏雨淋透为秋季提供了“水分多不易降温”的条件，只有当更强些的冷空气到来时才会有霜冻。用北京市、保定市、石家庄市3个气象站历年6～8月份的降水距平百分率点于图上（图6-3），以不同的符号标出初霜比常年早和晚。可以清楚看出：初霜比常年偏晚的年份6～8月份的降水距平百分率基本都＞5%，初霜比常年偏早的年份6～8月份的降水距平百分率基本都＜5%。相关达85%。

“秋雨涝山，风霜迟。”此谚语说的秋雨涝山则更为秋季提供了“水分多不易降温”的条件，风霜迟就更有道理。

现代气象学常用“草温曲线”来预测霜冻出现的具体时间，以指导在霜冻出现前1～2个小时采取措施实施防霜。

“草温曲线”是根据气温和地面温度的下降规律，通过预报地面附近最低温度出现的时间来预报霜冻出现时间的。因为在相同的条件下日落后草温的下降速率是一样的，选择几个典型天气条件，从日落到日出每隔 1 小时观测 1 次草温，求出同一天气型的草温平均降温速率，绘成草温曲线（图 6-4）。这样就可用预报日的天气型的草温下降速率曲线，由这天日落时的温度推算出霜冻发生的时间和强度。

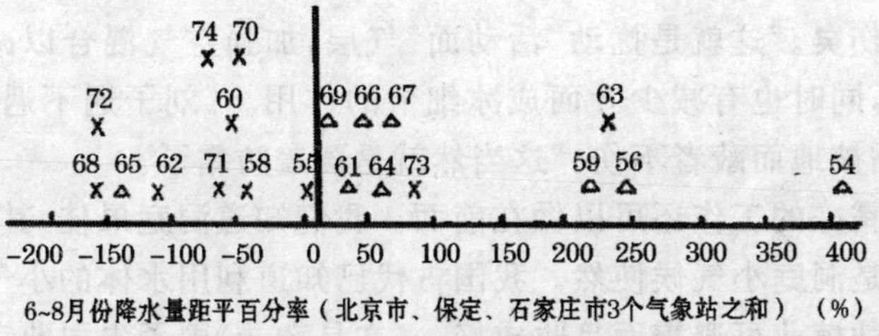

图 6-3 “夏雨淋透，秋霜推后”

注：1. 图中数字表示年份 2. 图中 x 表示秋霜早，△表示秋霜迟

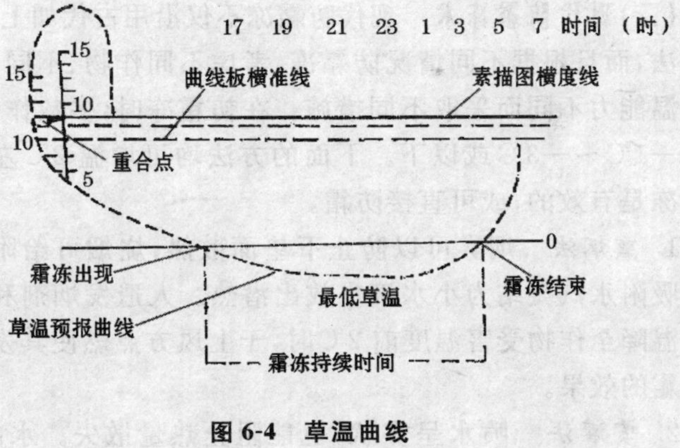

图 6-4 草温曲线

防霜冻就要了解关于霜冻的知识、了解霜冻何时发生，要注意收听霜冻预报，或者向气象部门提出霜冻预报的要求，在霜冻出现

前提前做好防霜冻工作。

防霜的办法,《齐民要术》载《氾胜之书》指出“凡五果花盛时遭霜则无子”,“常预于园中贮恶草生粪”,以此在霜冻之前“放火作煴少得烟气,则免于霜矣。”这就是人们今天还常用的熏烟防霜。《齐民要术》中写道:“《氾胜之书》曰:……若白露下,以平明时,令两人持长索,相对,各执一端,以概禾中除霜露,日出乃止。如此,禾稼五谷不伤矣。”这就是扰动“活动面”气层,加强空气混合以减弱温度下降,同时也有减少叶面成冰细节的作用。《刘子遇不遇篇》载有“秋霜被地而蔽者不伤。”这当然就是覆盖防霜了。

防霜冻的工作还可以做在前面。我们知道洞庭果佳,其实,洞庭果佳是洞庭小气候使然。我国古代已知道利用水体的小气候效应安排种植业可避霜而且收成好。《文昌杂录》国子朱司业言:“南方柑橘虽多,然亦惧霜,每霜时亦不甚收。惟洞庭,霜虽多亦无所损。询彼人,云:‘洞庭四面皆水,水汽上腾尤为避霜。’所以,洞庭柑橘最佳,岁收不耗。”

(二)现代防霜冻术 现代防霜冻不仅沿用古代如上所述的那些方法,而且根据不同情况防霜冻,考虑不同作物、不同生育期的抗低温能力不同而采取不同措施。在初霜冻时,多数作物受害温度在−1℃～−3℃或以下。下面的方法均可增温2℃左右,对防初霜冻是有效的;或可直接防霜。

1. *熏烟法* 烟雾可以防止下垫面散热,烧烟可给附近增热,烟尘吸附水汽凝结为小水滴也放出潜热。人造发烟剂和烟雾弹,在气温降至作物受害温度前2℃时,于上风方点燃使其发烟,可收到防霜的效果。

2. *喷灌法* 喷水呈雾状,也能阻止热量散失。水的热容量大,可使降温缓慢。

3. *覆盖法* 用席子、草木灰、泥钵等对幼苗进行覆盖,也可防霜冻。

4. 加热法　国外还有加热防霜冻法，用燃料燃烧加热空气来保护果树和经济林木。

5. 鼓风法　加大近地层附近的空气扰动，加强乱流混合作用，以减缓地表物表面的降温。

6. 植秆法　笔者根据单株玉米之下数十厘米范围内甘薯叶片未受初霜冻、而依然生机勃勃的事实，证实了“加大粗糙度加大乱流厚度，从而提高了下垫面(甘薯叶片)附近的温度，而甘薯未受初霜冻危害”的结论，故而提出“植秆防霜冻法”。在甘薯等低矮作物中较稀地点播一些高秆的玉米、高粱等作物，低矮作物收获前高秆作物不收；未点播高秆作物的也可于初霜冻前，每隔 60～80 厘米立 1 棵高秆的玉米、高粱等的秸秆，则可防御初霜冻。

7. 消灭成冰细菌　根据最新研究，植物霜冻是由于在植物表面有一种成冰细菌造成危害，所以，消灭成冰细菌来防霜冻就成为一种新思路。近些年来经科学家大量研究已经找到一些吞噬成冰细菌的噬菌体和拮抗菌。例如无冰核活性的草生欧文氏菌能吞噬冰核活性细菌，使冰核细菌密度大大降低，不能发挥冰核作用。当植物的体温达－2℃～－5℃时，尽管呈过冷却状态，但仍不能成冰，对植物不能造成危害。

此外，还可以使用链霉素等抗生素喷洒植株表面，以杀死成冰细菌，从而防止霜冻危害。美国也出现了一种农药防霜冻的办法，他们在植物表面喷洒一种新型农药，可以杀死植物体表面成为霜核的细菌，可以达到防霜冻的目的。

8. 利用小气候实行避霜种植　我国古代已知道利用水体的小气候效应安排种植业，可避霜而且收成好。“雹打高岗，霜打洼”，因为冷空气较重，沉积在下，所以低洼处更容易遭受霜冻。所以，不要把怕霜冻的作物种在地势低洼的地方。

第五节　寒害及防御

一、春季低温冷害及防御

(一)倒春寒及防御

1. 倒春寒概述　寒害是以低温为主要因子的农业气象灾害。倒春寒是寒害的一种,是春季里的一种前期比较暖和、而后反而冷了的天气。即所谓当暖不暖,甚至当暖反而冷的一段天气。这对农业生产以及人们的身体健康均不利。

倒春寒的标准并无严格规定。一是指前春暖后春寒,这种情况更显出“倒”字的真意。由于前春暖使农作物开始生长,抗寒力减弱;而后春反到冷了,从而使作物受害。二是指晚霜冻结束得晚。晚霜冻明显偏晚,后春当然就冷了。例如北京市平均终霜日期是 4 月 4 日,如果到 4 月中下旬还有霜冻,就应算倒春寒了。

后春冷,晚霜冻就会明显偏晚。例如北京市平均终霜日期是 4 月 4 日,如果到 4 月中下旬还有霜冻,返青拔节后耐寒力减弱的冬小麦,以及春播喜温作物如棉花的苗期就会受害了。倒春寒也包括“二月雪”的春寒,也会危害越冬作物返青拔节后耐寒力减弱的冬小麦(即“麦怕二月雪”)和其他春作物。

在我国南方,早稻播种后,本应天气越来越暖,但是却出现了低于 12℃(或 10℃)的阴雨天气 3～5 天,或日最低气温降到 5℃以下,造成烂秧和死苗(见低温阴雨)。

倒春寒不仅危害农作物,而且使人们易患感冒、诱发其他疾病,影响工作、生活和各项活动。

2. 倒春寒防御　抗御倒春寒的危害,须提早做好防御,提早知道是否会出现倒春寒,要收听天气预报。

也可由谚语推知倒春寒的可能性。

谚语“秋干倒春寒”(广西)、“秋干返春”(安徽)和“干冬必返春”(湖北)等都是说前期的基础,水分条件比较薄弱后春维持正常升温的条件也不足。

“秋后热得很,来春冷得多”(江南)。我们以长沙 9 月上旬平均气温距平和中旬平均气温距平之和来表示秋后是否“热得很”,把各年份分成 2 档,清楚地看出气温距平之和大于 0℃的年份都有明显的低温阴雨,气温距平之和小于 0℃的年份都没有明显的低温阴雨。其相关百分率为 82.6%。

“三九不冷看六九,六九不冷倒春寒”(河北、湖南)、“暖春头,冷春尾”以及“南风送大寒,将有倒春寒”(广西)。这些谚语的意思相近,因为“春打六九头”六九正好在立春节气内,所以六九不冷也就是暖春头;南风在冬半年也可理解为“暖”的代名词,送大寒就是大寒这 15 天的末尾,下一天也就是立春了,所以说此谚语也与前 2 个谚语相近。千百年来人们的这些认识形成的几条谚语意见一致,也说明了这一统计关系的存在。事实如此,在下面的水稻烂秧(南方春季低温阴雨灾害)的预报中就可证实。

“立春有雨定返春”(湖南)。“返春”是指春将过了却又回来了,就是“倒春寒”。

防御倒春寒一是要防,二是要巧,三是要抗。就是要做到以下几点:①防霜冻和低温。可采用防霜冻的办法,包括保护地、大棚、地膜栽培及覆盖、泥钵、盖暖性肥料以及其他防霜冻和低温的措施。②收听天气预报,掌握“暖一阵冷一阵”、暖个三几天就要冷个三几天的波浪式变化规律,利用冷尾暖头,进行播种和农事活动。③选用抗寒品种。另外还要注意人体保暖,特别是老年人不要过早减少衣服,即所谓要“春捂秋冻”。

(二)春季低温阴雨及防御

1. 春季低温阴雨概述　在农作物生长期内的任何阶段遇到低于农作物要求的较低温度则会使作物受害。从天气类型上可分为:湿冷型、干冷型,有的还分出个湿冷急晴型。它们的危害原理是基本相似的。

低温危害一般出现在水稻的芽苗期,特别是“一根针”时期。即扎根扶针的时候,低温会使芽苗扎根缓慢、根系生长不良,深水护秧又会使土壤缺氧,芽苗生命力下降,导致烂芽,即“烂秧一根针”。幼苗三叶期前后遇到低温则影响其光合作用,使生命力下降,若再遇阴雨则更会加剧危害。育秧期出现较长时间阴雨天气,秧苗会因低温、日照时间短、缺氧等而导致烂种、烂秧。一般气温在10℃(或12℃)以下或者日最低气温降至5℃以下,则会造成大面积烂种、烂秧。

低温阴雨冷害大致分2种情况:一是播种后长时间温度偏低,种子长时间不能发芽而失去生命力,故而发生烂种现象,造成再次播种,甚至一播再播,影响农时、影响产量。二是种子发芽后遇到低温阴雨天气3～5天,气温长时间在10℃(或12℃)以下或日最低气温降至5℃以下,从而影响芽苗生命力,不能正常进行光合作用,芽苗难于生长,故而造成大面积烂秧。

2. 春季低温阴雨灾害防御　我国劳动人民在千百年的实践中不断认识水稻烂秧前期情况与春季低温阴雨的关系,形成了许多推测春季低温阴雨天气的谚语,现举例如下,供生产实践中参考。

“冬至雾露,来年烂种谷”(湖南)。这条谚语是说冬至有雾露,来年春季水稻育秧会遇到低温阴雨,造成水稻烂种谷。另外,冬至雾露也是冬暖的一个表现,则又和“冬暖春寒”联系在一起。

“大寒牛打浆,冷死早禾秧”(江西)、“大寒牛恋塘,春分冷死秧”(湖南)。牛打浆和牛恋塘也都是冬暖的表现,类似“冬暖春寒”,而且“大寒”更靠近立春,这还近乎与“暖春头,冷春尾”联系在一起。

“立春早,种稻不宜早;立冬迟种稻不宜迟”(江西)、“正月初一晴，育秧无好天”（湖南）。

“大年初一打个霜，一担谷种换手秧”、“正月初一一骤霜，一石禾种一石秧”（湖南）、“正月初一打了霜，一担种谷一担秧”（江西）。这是江南许多地区较常见的谚语。意思是说农历正月初一出现霜，可能在春季有低温阴雨造成水稻烂秧，用许多种子才换回一点秧苗。

“惊蛰蛤蟆叫，秧要种三道”、“惊蛰得分，烂早种”。惊蛰已经临近水稻出芽的春分之际，惊蛰蛤蟆叫则天气暖和，或者说惊蛰像春分似的那样暖和，就会因为天气“暖一阵冷一阵”的变化规律，到春分水稻出芽前就可能出现低温阴雨天气而出不了芽造成烂种，会不只一次地毁种。

“惊蛰不冻虫，冷到五月中”。“惊蛰冷，打田等；惊蛰热，秧生节”。“惊蛰寒，好秧一团；惊蛰暖，栽秧到小满。”惊蛰寒，预示着未来温度会逐渐升高，而且“春寒雨水多”，当然会有好秧一团；所以惊蛰冷，打好田埂等着栽秧就是了。反之，惊蛰暖（热、不冻虫），可能会有倒春寒，秧生节是秧要出问题（横生枝节），育秧可能不只一次。另外，春雨也欠缺，因此，栽秧期就要一推再推，甚至要到小满节了。

许多关于春寒和倒春寒的谚语也可以预报低温阴雨。例如“秋后热得很，来春冷得多”（江南）。这条谚语不仅如前面所说的预报倒春寒，又可预报低温阴雨，而且与谚语“冬暖春寒，冬寒春暖”联合使用来预报低温阴雨灾害效果很好。我们以长沙、武汉、南昌、杭州等 4 个市气象站 11 月中旬至 12 月上旬（代表立冬后 1 个月）各站平均气温距平之总和来表示“冬”的寒暖；以长沙、武汉、南昌、南京、上海、杭州等 6 个市气象站 8 月下旬和 9 月上中旬各站平均气温距平之总和来表示“秋后热得很”与否，做成各年的散布图，用一条斜线分成右上和左下 2 个区域。可以清楚地看出：右上区的这些年份第二年都有低温阴雨灾害，历经 7 年都对；左下区这些年份第二年情况是在 15 年中有 12 年没有低温阴雨灾害。总的相关百分率为 86.4%。见图 6-5。

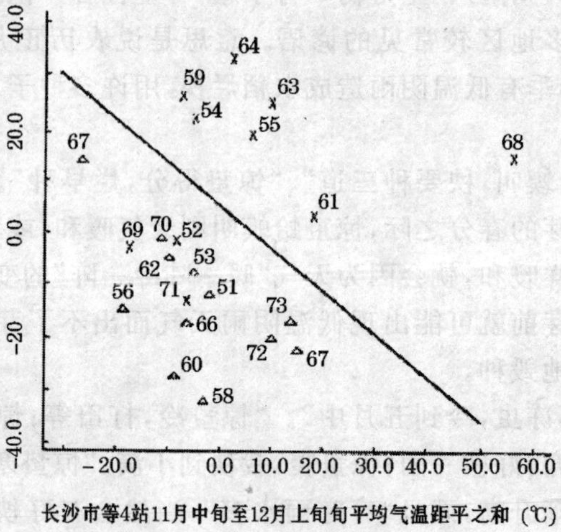

图 6-5 江南春播天气预报

1. 图中数字表示年份 2. 图中 x 表示这年有倒春寒，△表示这年没有倒春寒

“三九不冷看六九，六九不冷倒春寒”、“暖春头，冷春尾”。这些谚语都很一致地说明这种关系的存在。这里以长沙 1 月中旬的平均气温的高低表示“三九”冷不冷，以 2 月上旬的平均气温的高低表示“六九”冷不冷，做成坐标图发现：“三九”不冷“六九”也不冷的年份 5 年都有低温阴雨灾害；相反，“三九”冷“六九”也冷的年份 8 年中 7 年没有低温阴雨灾害。其相关百分率在 92%以上。而且“六九”的关系比“三九”更好。见图 6-6。

防御早稻烂秧，要注意收听天气预报，掌握这“暖一阵冷一阵”波浪式变化的天气变化规律，在冷头浸种、冷尾育秧、寒潮来时灌水护秧。但是要注意过后及时排水，则可免于受害。现在已较多采用塑料薄膜育秧或者大棚育秧，而到天气暖和时进行大田插秧。

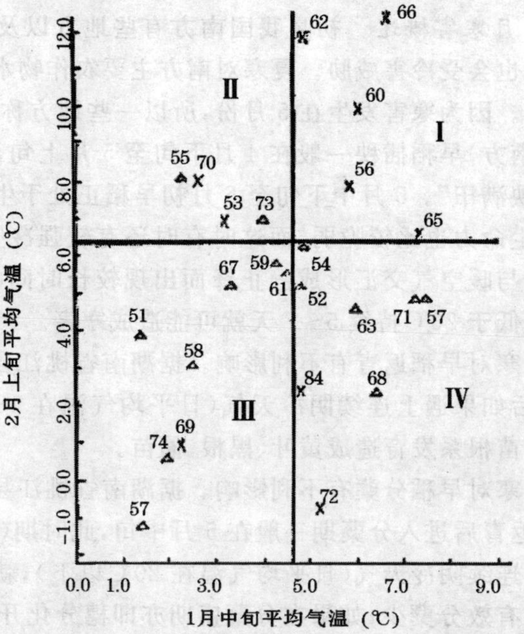

图 6-6　“三九不冷看六九，六九不冷倒春寒”

注：1. 图中数字表示年份　2. 图中 x 表示这年有低温阴雨，△表示这年没有低温阴雨　3. 图中Ⅰ、Ⅱ、Ⅲ、Ⅳ为 4 个分区。Ⅰ区：三九不冷，六九也不冷　Ⅱ区：三九冷，六九不冷Ⅲ区：三九冷，六九也冷　Ⅳ区：三九不冷，六九冷

二、夏季低温冷害及防御

夏季我国气温高降水多，正是万物争荣的作物生长发育盛期，这时期的温度一般都能满足作物生长发育的需要；但是有些地区有的作物对夏季的温度用得过于充分，一旦遇上夏季气温较低的年份，就可能遭受冷害。夏季低温冷害，主要表现为南方初夏的 5 月寒和北方的东北夏季低温冷害等。

(一)5月寒害及防御

1. 5月寒害概述　初夏我国南方有些地方以及高原地区的喜温作物也会受冷害威胁。夏寒对南方主要农作物水稻的生长有不同影响。因为寒害发生在5月份，所以一些地方称之为“5月寒害”。在南方，早稻插秧一般在4月下旬至5月上旬，多数地区小满之前“秧满田”。5月中下旬至6月初早稻正处于生根返青和分蘖时期，生命力也比较脆弱，而这时有时还有较强冷空气南下，在长江以南与暖空气交汇形成静止锋而出现较长时间的阴冷天气，如果气温低于20℃持续5～7天就可能造成寒害。

初夏寒对早稻返青有不利影响。据湖南省桃江县气象部门研究，插秧后如果遇上连续阴冷天气(日平均气温在18℃以下)，就会影响秧苗根系发育造成黄叶、黑根、僵苗。

初夏寒对早稻分蘖有不利影响。据湖南省桃江县气象部门研究，早稻返青后进入分蘖期一般在5月中旬，此时期(5～7天)内，如果遇上连续阴冷天气(日平均气温在20℃以下)，就会影响植株分蘖或使有效分蘖少；如果在分蘖盛期亦即穗分化开始期(一般5月下旬前后)遇上连续阴冷天气(日平均气温在20℃以下)，就会影响幼穗分化，造成早稻减产。

2. 5月寒害防御　①调整作物比例。如能及早预知初夏气温偏低，就可以进行作物比例的调整，多种早熟耐寒品种，可减损保收；如果预知初夏气温偏高，则可适当安排些高产品种。②收听天气预报，根据天气适时栽插。③培育壮秧。④插秧后增施速效肥，如磷肥等。⑤搞好水的管理。深水护秧与及时排水相结合，有太阳时排水。

(二)东北低温冷害及防御

1. 东北夏季低温冷害概述　东北地区夏季低温冷害可使现行农业(主要是中晚熟玉米等)造成严重减产。

东北夏季低温冷害有2种类型：一是延迟型冷害。夏季的气温偏低,使作物的营养生长延迟,进而使整个生长期延长,到秋季初霜来临前不能正常成熟,从而造成减产。二是障碍型冷害。夏季气温偏低,如果正好发生在作物生殖生长时期,则使生殖生长受阻,种子的形成产生障碍,到秋季则籽粒不实而减产。在我国东北,玉米的这 2 种冷害几乎是并行的,有的年份可造成数百亿千克粮食损失。

有些研究笼统地以生长期 5～9 月份的温度来研究夏季低温冷害,无法对夏季冷害做出针对性的结论。因为在东北 9 月份已和霜冻相关,不能算夏季冷害;5 月份在东北许多地方还没进入夏季。更重要的是延迟型冷害和障碍型冷害都发生在作物生长最旺盛时期和生殖生长时期,所以必须结合作物的生物学特性以及实地考察,再以相应的气象资料、产量资料进行科学分析。

据农业气象工作者调查研究,结合气象资料分析,对照实际产量,发现东北不少地区的玉米多使用要求温度较高的中晚熟品种,许多品种的生殖生长幼穗分化要求气温在 22℃以上,而东北地区气温 6 月份一般还在 20℃以下,7 月份的气温已经在 20℃以上,吉林省和辽宁省一般在 22℃以上。这 2 个月正是东北地区玉米营养生长和生殖生长时期,就是说对夏季的温度用得过于充分。如果 6～7 月份气温比多年平均偏低 2℃,就可能使喜温作物(如玉米)生长延迟,而在秋霜前不能正常成熟;或使生殖生长产生障碍,而使籽粒减少。如果 9 月份气温又偏低,说明可能初霜偏早,则受害的可能性更大。从与东北玉米产量资料对比来看,凡是6～7 月份气温比多年平均偏低 2℃的年份均大幅度减产。据解放后 20 多年的资料统计,东北地区的夏季冷害发生率一般为 27%～30%。

2. *东北夏季低温冷害防御*　①重要的是做好东北夏季冷害的研究和预报。因为在东北高温年和低温年就像旱涝年一样年际差异还是比较明显的,要像“看雨情旱涝定品种的种植比例”一样来“看高低温年定品种的种植比例”，争取既高产又不受灾。或者改变农业结构，减少中晚熟品种；或提前调整种植计划，采取适当农业措施，则可减少粮食损失。②把不太耐寒的品种安排在地理环境小气候条件比较好（避寒）的地方种植。③采取一些技术措施促进早熟，减少霜冻危害，也可起些补救作用。

三、秋季寒露风危害及防御

（一）秋季寒露风概述 我国南方后季稻也常受秋季低温寒露风危害。寒露节气前后，我国南方晚稻正处于抽穗扬花期，此时水稻对低温比较敏感。这时，又正是冷空气逐渐南侵的时候，所以晚稻会遭受低温危害，使晚稻出现空壳、秕粒甚至早枯等，这就是寒露风危害。

寒露风的危害主要发生在长江流域及其以南地区。据统计，近 30 年以来，长江中下游和华南地区，大约有 2/3 的年份出现了中等以上的寒露风。例如，1971 年 9 月中旬出现了 7 天偏北风，江西省南昌、吉安、赣州等地，日平均气温下降至 16.2℃～16.5℃，最低气温只有 15℃左右。致使晚稻遭受寒露风危害，许多地区水稻空壳率高达 50%，受害严重的空壳率达 70%，甚至颗粒无收。

在华南，寒露风一般多发生在寒露节气前后；在长江流域，后季稻因播种早，抽穗、扬花较华南略早，而且北方冷空气入侵也比华南早，所以长江流域寒露风主要发生在秋分至寒露期间。因此，在广东省、广西壮族自治区流传“禾怕寒露风”的说法；长江流域则流传“秋分不出头（指水稻未抽穗），割了喂老牛”的说法。

寒露风是一种以低温为主导因子的农业气象灾害。从植物生理上说，它主要是由于低温过程使水稻的生殖生长受阻而造成的危害，受害严重者也会使植株死亡。“寒露风”危害，一是影响水稻抽穗，气温 20℃以下会使抽穗缓慢，甚至抽不出穗，从而影响总穗数。二是影响籽粒受精,形成大量空壳秕粒。三是影响灌浆,使籽粒发育不良影响千粒重。

从实际调查和气候资料统计分析结果表明,寒露风危害大致可分为 2 种天气类型:一种是低温阴雨天气,称为湿冷型;另一种是晴冷天气,空气干燥并伴有 3 级以上的偏北风,称为干冷型。

湿冷型的寒露风在我国南方各地都有出现,广东省和广西壮族自治区还常出现干冷型的寒露风危害。寒露风危害的温度指标一般是:对于籼型水稻,日平均气温连续 3 天以上低于 22℃,其中对于杂交稻低于 23℃;对于粳型水稻,日平均气温连续 3 天以上低于 20℃;对于长期生长在高寒地区的粳型水稻,由于长时期的适应过程,要日平均气温连续 3 天以上低于 18℃才造成危害。

(二)秋季寒露风防御

1. 针对寒露风的规律和特点安排生产　①知道寒露风危害与植株健康状况有关,就要着力培育壮秧,培育抗逆性强的品种。②知道一般是北坡受害较重、高海拔地区受害较重也较早,就要注意利用有利的小气候安排种植。③知道寒露风的危害与地形和海拔高度有关,就要调整品种布局,在高海拔地区和寒冷的地方种植抗逆性强的早熟品种。④以适应当地气候特点的品种为主,合理进行品种搭配。

2. 注意当地天气预报,提早做好防御准备　收听天气预报,或请气象部门制作寒露风预报,了解寒露风情况,以提早调整种植比例和种植时间,科学安排播种期和茬口,采取措施促进壮株、早发早熟,及早做好秧苗早育、本田早插,做到秋寒春防和秋寒夏防。或者依据天气预报加强稻田中后期管理,保温和促进早熟。

3. 重视当地谚语,用来指导生产　千百年来,我国劳动人民在实践中对寒露风的认识形成了不少谚语,现举例如下,供生产实践中参考。

"没有龙舟水,便有寒露风"(南方)。这条谚语是说如果在农历五月初五前后，也就是人们赛龙舟的时节没有降水，就有可能有寒露风。

“秋分有雨，寒露有冷”。秋分已是中秋时节，冷空气活动加强。天气变化一般是“冷一阵暖一阵，暖一阵又冷一阵”，秋分的冷空气活动产生降雨，到寒露前后可能又要冷了。

4. 采取增温措施，防御寒露风　①通过水层管理以增温、促早熟。用深水护稻、浅水增温，或用喷水增温。②通过施肥、喷磷等来增温和提高水稻抗逆性。③施用增温剂增温。如有单位试验施用2.5%浓度的“长风三号保温剂”等，有15天的保温作用。

四、热带作物寒害及防御

(一)热带作物寒害概述　华南热带地区本无冬季，当无冷冻危害，但是对于某些热带作物也会有寒害发生。例如橡胶等热带经济作物，在冬季有时强寒潮南下，最低气温低至5℃以下也可造成寒害。

橡胶等热带作物冬季的寒害一般有3种类型：一是平流型寒害。当有强冷空气南下时，在冷锋和静止锋控制下使阴冷风持续的天气日平均气温降至12℃以下，会导致橡胶树自上而下的受害。二是辐射型寒害。在较强冷空气过后，天气晴朗，辐射降温明显，短时间极端最低气温可达0℃，有时甚至有轻霜，会导致橡胶树受害，其受害部位主要是基部(也称烂脚寒害)，自下而上直至全株。三是混合型寒害。较强冷空气持续时间长、降温后又发生强辐射降温，所以这类寒害一般都很严重。

橡胶等热带作物不但冬季会有寒害，而且夏季还会有日烧病。所以对橡胶等热带作物不但要注意冬季强冷空气南下、防御寒害，而且夏季也要防御太阳对茎基部的强烈暴晒，免受日烧病的伤害。

(二)热带作物寒害的防御

第一，调整农业布局，在温暖避寒小气候条件好的地段种植橡胶等热带作物。研究实践表明，利用滇南许多地区的小气候条件基本可防御寒害种植橡胶，所以橡胶的种植突破了世界所认为的植胶北界的北纬17°而达到北纬25°、海拔600米的地区，使橡胶种植面积达到新中国初期种胶面积的600倍以上。

第二，利用谚语和天气预报做好热带作物的冬季寒害防御工作。谚语“有奇热必有奇寒”、“六月田里晒死鱼，腊月可能有冻害”可用来预报冬季寒害趋势。广东省普宁地区利用8月份最高气温高于35℃的天数多于3天已是少有的“奇热”了，对应隆冬1月份有霜冻，效果很好。还可要求气象部门做好强寒潮和寒害预报。

第三，采取措施增温保温。有些农业上用于防霜冻的措施也可应用于热带作物保温上。橡胶树可以覆盖茎基部保温，也可点火加热等。

第六节 其他气象灾害及防御

一、冻害及防御

冻害是严寒致使大农业的对象受冻而成的灾害。冻害与霜冻不同，虽然都是低温为成灾主因，但是冻害的温度更低，没有霜冻而直接成灾。其成灾机制是使受冻对象的细胞结冰或细胞间隙结冰从而使细胞受到破坏，再就是很强的低温直接使之受冻。也就是说冻害一是使受冻对象的细胞结冰（包括融化和细胞脱水），二是低温使其生理活动停止。

强冷空气活动——寒潮是造成冻害的气象原因，而成灾则与对农业对象的环境考虑不周有很大关系。受冻害的主要是牲畜、柑橘、小麦等。

（一）小麦冻害

1. 小麦冻害概述　其实冬小麦的抗低温能力很强，一般都能抗低于－10℃的低温，播种时期和深度适宜的冬小麦遇到低于－15℃的低温才开始受害。而且小麦冻害是多因素的综合结果，小麦死苗常与“掀丛”和风抽有关。细分可分为以下3个类型：①冬初温度骤降型。②长冬严寒型。隆冬强寒潮低温可达－20℃～－30℃，可使生长不太好和没有雪盖的冬小麦受冻；如果麦田水分状况不好，会使麦子生长欠佳，加之大地封冻不好，更易被风抽，所以会受冻害。③融冻型。冬末春初，开始回暖，冻、融交替，小麦抗寒能力大减，冻、融交替还可造成掀丛，加上大风抽干可使小麦死亡。

无论哪种冻害，都会使旺长的麦苗和弱苗在初冬或冬末死亡，壮苗则在初冬和冬末很少死亡。

2. 冬小麦冻害的防御　①提高抗冻能力，培育和使用耐寒品种。②加强冬前管理，培育壮苗。生长良好的抗性强的冬小麦在－17℃以下低温下也不会冻死。③充分利用有利地形小气候（如山环利用山阻挡冷空气，丘陵山坡中上部冬季气温高于坡底，以及靠近水体的地方降温缓慢等）避冻栽培。④露天增温。鼓风和扰动增温、燃烧增温、熏烟增温等。⑤覆盖。风障、盖草、施肥、培土等。⑥喷施化学药剂。如叶面增温剂，可以抑制蒸发提高温度。⑦冬灌。⑧抗御小麦冻害减少死苗。初冬和冬季镇压是个有效措施。⑨实施人工降雪保护麦田。

（二）柑橘冻害

1. 柑橘冻害概述　柑橘喜欢温暖潮湿，一般要求年平均温度5℃以上、极端最低气温在－5℃以上。冬季强冷空气南下造成冻害有这样几种情况：①晴冷型。一般在冷锋过后大风降温、天气晴，气温降至－10℃以下。②阴冷型。强冷空气南下后遇到暖湿空气，出现较长时间的阴雨雪天气，使柑橘光合作用减弱，从而大大减弱抗冻能力，只要出现日平均气温0℃、日最低气温－5℃～－7℃就可能造成冻害。③混合型。冬季强冷空气南下致使晴冷天气和阴冷天气交替发生而形成的冻害就是混合型冻害，这是我国柑橘冻害的主要天气类型。

柑橘类果树因抗寒能力不同，受害温度相差很大：柠檬－2℃～－3℃，柚子－4℃，甜橙－6℃，耐寒的蜜橘－9℃才受冻，而枳壳甚至到－20℃～－23℃也不会冻死。所以柑橘冻害是柑橘分布的限制因子，只有秦岭、淮河以南可种植柑橘，而淮河以北只能种植难吃的枳子。

2. 柑橘冻害的防御　①培育和使用耐寒品种。②加强冬前管理，提高抗冻能力，培育壮株。③充分利用有利地形小气候避冻栽培。如山环和山脉可阻挡冷空气，丘陵山坡中上部冬季气温高于坡底；靠近水体的地方冬季较潮湿温暖（因水体降温缓慢）。④做好冻害预报，以指导防冻。⑤防冻措施：鼓风和扰动近地层附近的空气增温；燃烧增温；搭棚保温；以草束等包扎果树的茎基部；喷施化学药剂，如喷施叶面增温剂可以抑制蒸发并提高温度。

二、雪灾及防御

（一）春雪灾害

1. 春雪灾害概述　农谚说"瑞雪兆丰年"。这是人门熟知的常识。人们习惯地把腊雪称之为"瑞雪"，并看作是丰收的预兆。"腊雪"是指隆冬时节的降雪，就是按照农历的干支纪时法，把冬至后第三个戌日称为"腊日"，因为腊日每年都出现在农历十二月份，所以十二月又称为"腊月"，腊月下的雪，就叫腊雪。

谚语说："腊雪是宝，春雪是草"。"腊雪是宝"，因为腊雪能保墒、保温，冻死害虫，增加土壤中的氮素，有利于农作物越冬，有利于春季的农事活动和作物生长。另外，腊雪还对人体许多疾病有疗效。古代医书中说："腊雪甘、冷、无毒，是大寒之水，能解温毒，祛热病"。腊雪"对四时瘟疫、小儿热颠狂啼卓有疗效"。据《本草求真》记载，宋徽宗因为贪图一时凉快，吃冰过量而得了病。医生杨介用收藏的腊月雪水煎药给他服用，病很快就好了。还有的医书记载，双目红肿时，用腊月雪水洗，可以消除红肿、清目；生了痱子，用腊月雪水洗，能消肿解痒；饮酒过量，喝些温热雪水，可以解酒；用雪水沏茶，味美爽口，有益于健康。国外有的科学家证明，饮用雪水可以防治动脉粥样硬化。我国古代确实有用雪水烹茶的习惯，如古典小说《红楼梦》中就有用雪水烹茶待客的记载。

这是因为腊月已是严冬，许多有害微生物被冻死，不少空气中的微尘也被秋雨和初冬的雪给洗掉了。更重要的是雪水中所含"重水"很少。重水就是水分子中的氢原子是氢的同位素"重氢"，即比氢多1个质子和2个质子氘和氚。重水的活性比较弱，雪水中含重水很少，所以雪水的活性比一般水强。而且因为水分子一般是极性分子（一边是正极氢一边是负极氧），而在普通水中分子是无序排列，所以显示不出极性。但是在结晶为雪花的过程中水中分子是有序排列，所以雪水也有一定极性。基于重水少和有一定极性的原因，雪水的生理生化性能比一般水好很多。所以人们用雪水喂养畜禽长得快、长得好。

但是谚语说"春雪是草"、"麦怕二月雪"，怎么又成了雪害了呢？这是因为春回大地，气温回升，万物复苏，树液开始流动，有些农作物萌芽返青，枝叶娇嫩，对早春作物来说，一场春雪犹如给初生的婴孩头上泼了冷水，使作物受到冷害。

农历二月正是小麦拔节和幼穗分化前夕，其抗寒能力已减弱，这时的雪会使小麦遭受冷害。如果农历二月及以后下了春雪，则麦子和许多农作物难于结籽就会成为"一把草"。

这就是"麦怕二月雪"的道理。而且春暖时节突然冷雪一来，对人的健康也不利，容易受凉致病。

2. *春雪灾害防御*　要及早预报倒春寒的有无，做好防寒保暖工作。例如以草席苫盖、以泥钵保护春作物的幼苗、给小麦壅土培根及施以暖性有机肥等。

(二)白 灾

1. 白灾概述 白灾是牧区的自然灾害。降雪过多、积雪太深把牧草都埋起来,到处是一片白色,牛、马、羊没有草吃,挨饿受冻,掉膘,抵抗力下降,造成牲畜大量死亡;而且大雪阻塞交通,牲畜难以转场,加剧了白灾。牛喜温暖,不如马耐寒善走,所以牛、羊受白灾危害更大。

绵羊一般在积雪厚 20～25 厘米时就觅食困难,马在积雪厚 30～60 厘米时就觅食困难。白灾指标因草场性质不同而有不同:草甸草原水湿条件较好,牧草高,以积雪厚 30 厘米左右为指标。荒漠和半荒漠草原,牧草高度多在 20 厘米以下,当积雪厚 5～10 厘米时牛便采食困难,当积雪厚度达 15 厘米以上时则成为多数牲畜的白灾指标。

2. 白灾的防御 ①备足草料(在草好的地方多打草备用)。②修建棚圈。③调整畜群结构。④先放马后放牛、羊,以马破雪盖。⑤收听天气预报,提前做好转场各项准备工作,包括沿途的饮水站草料补给点等。⑥有条件的地方可以变游牧为定居,种植牧草。

(三)黑 灾

1. 黑灾概述 冬季降雪过少,牲畜虽然有草吃,但是湖河池塘都已结冰,长时间没有降雪,牲畜喝不上水也吃不上雪,致使牲畜干渴而死,这就是黑灾。

发生黑灾的原因主要还是干旱,秋旱连冬春旱。

河湖封冻后一般牲畜 20 天吃不上雪就会受影响,40 天吃不上雪牲畜就普遍掉膘,牛、马就应适当转场;如果连续 2 个月无积雪,牲畜就会变得瘦弱,极易引起疫病流行,要大量转移场地。

黑灾一般开始日期与低于 -10℃的日期一致,一般变化在 90～170 天之间。

2. 黑灾防御 ①要收听天气预报。②不要进入无水源的冬季牧场，一旦进入了要尽早转出。③有黑灾出现时要及时转场。④建立饮水站和草料补给点，最好预先挖水窖、打井。⑤实施人工降雪。⑥调整畜群结构增强抗灾能力。

（四）暴风雪（白毛风）灾害

1. 暴风雪灾害概述　暴风雪灾害是风雪交加相伴的强降温天气过程，因为是风雪交加，所以人们也叫它“白毛风”。这种天气灾害常给牧业生产造成很大损失。1940 年春一场暴风雪使内蒙古自治区呼伦贝尔盟损失牲畜 40 多万头；1966 年春新疆维吾尔自治区几次暴风雪使全疆损失牲畜 411 万多头。

据测定，绵羊的抗寒能力为 28℃～30℃的温度变化，变幅超过这个范围，绵羊就会被冻死。因为寒冷又有大风为虐，使危害加剧，大风使热量大量散失，所以体感温度比实际温度低很多。通过大量的科学试验人们找出了风速大小和人体冷暖感觉的关系：当无风时为 10℃，在 3 级风时，使人感觉气温像是 5℃；在 5 级风时，人会感到气温像 0℃；在 7 级风时，人就会感觉到和－3℃时相同。当气温在 0℃以上时，风力每增加 2 级，人的寒冷感觉会下降 3℃～5℃；当气温在 0℃以下时，风力每增加 2 级，人的寒冷感觉会下降 6℃～8℃。如果有冷空气活动，降温伴有 6 级及以上的风，就会使羊相互挤压而死。据一些牧场的资料，在日平均气温低于－5℃的情况下，若 24 小时降温超过 6℃，日降水量≥5 毫米，风速≥8 米/秒，就可以作为暴风雪的危害指标。

暴风雪天气以秋末冬初和冬末春初出现较多，这时又正是牧业转场的时候，所以转场时一定要特别注意。

2. 暴风雪灾害的防御　①建立足够的棚圈，特别要建好产房、羔室，照看好老幼和剪过毛的羊。②转场时要事先做好准备工作，疏通通道，改善牧场环境，沿途设水和草料补给点。③利用地形放牧，以避风防冻。④各项畜牧工作都要注意收听天气预报，尤其是转场和产羔等工作更要预知天气。

三、干热风危害及防御

(一)干热风危害概述　“干热风”实际是对农作物有危害的大气干旱。其危害机制主要是在小麦生长发育后期大气的高温干旱,强烈地夺取植株的水分,从而影响了小麦的正常光合作用、物质转化和运输等生理功能,影响产量,甚至使植株青枯死亡。干热风可细分为高温低湿型和雨后枯熟型2种。

小麦灌浆期是干热风危害的主要时段。特别是小麦灌浆中后期的乳熟阶段,对大气的高温干旱十分敏感,这时如果出现30℃以上高温、空气相对湿度在30%以下、风速在3米/秒以上的干热风天气,就会使小麦受害,致使小麦青枯、籽粒干瘪、千粒重下降,甚至整株枯死,可减产5%～30%。

在小麦由青将要转黄时,如果下雨8～10毫米,老百姓称之为“小麦烂根水”,说是“淋雨莫淋籽,淋籽涨死根”。由于小麦根系活动能力减弱,所以更难抵抗大气的干旱,更易受灾。雨后气温升至27℃～29℃或以上,中午14时的空气相对湿度降至40%左右,即可引起小麦青枯和早熟,而使籽粒干瘪,千粒重下降,甚至整株枯死。

干热风主要发生在北方冬麦区。

(二)干热风危害的防御　①选用良种。②适时播种,培育壮苗。③植树造林。营造护田林带,树木可以降温增湿,营造护田林改善生态环境更是防御干热风的战略性措施,是长效的绿色工程。④收听天气预报,做好干热风预报,以有效地做好抗干热风的工作。⑤可以在播种前以1%复方阿斯匹林溶液浸种或拌种等。⑥要 及时浇“麦黄水”(喷灌更好),以改善田间小气候。⑦ 喷洒化学药剂。提前喷洒石油助长剂等,喷施磷酸二氢钾、过磷酸钙,喷洒草木灰水和喷醋等。

四、高温危害及防御

（一）高温危害概述 水稻是喜欢较高温度的，有道是“人热田边跳，稻在田里笑”。在水稻抽穗扬花期30℃以上的气温是有利的，但是35℃以上的高气温就连水稻这样的喜欢较高气温的作物也会受到危害。这就是水稻的“干热风”，有的地方也叫“火南风”。高温危害多发生在6月中下旬和7月上旬，谚语说“小暑南风十八朝，晒得南山竹叶焦”。高气温可影响花期受粉，造成水稻空壳率增加，影响最严重的时期是盛花的前1天和盛花的当天。开花当时遭受35℃、36℃高气温2小时，受精率还可达到90%；但是早稻开花前1天遭受35℃高气温24小时，则水稻空壳率可达到54.6%，而且气温越高、时间越长危害越重。

（二）高温危害的防御 ①水稻扬花后浅水勤灌，夜排日灌，不要断水过早。②调整播种和栽插期，选用良种。③高气温来临时进行喷灌，可降温2℃～5℃，增加湿度10%～20%。④给作物搭凉棚。日烧病是夏季中午强烈的太阳照射而使有的农作物和蔬菜被灼伤，甚至合并其他危害。特别是较低纬度的地区更要注意这个问题。笔者在西沙群岛看见人们用网子给菜地搭上凉棚，他们说，因为中午太阳直射太厉害，不用棚子遮挡阳光，蔬菜就不能长。⑤营造护田林。树林的气候效应可以降温增湿，营造护田林是个长效防高温危害和防日烧病的措施；也可用黑色透气塑料薄膜遮阳。

五、雾害及消雾

（一）雾害概述 雾是以影响能见度为特征的。雾是大气中因悬浮着水汽凝结物——细小的水滴或冰晶，使近地面能见距离<1千米的天气现象。雾滴的直径为2‰～15‰毫米，无数个雾滴、无数个界面对光反射散射，故而严重干扰了大气透明度。雾滴的浓

度越大则人眼的能见距离越小，故而气象学家根据能见度来分辨雾的浓度。能见距离<50米叫重雾，50～200米以内叫浓雾，200～500米以内叫大雾，500～1 000米以内叫雾。

我国多雾区是在沿海地区。自台湾海峡至山东半岛，全年雾日超过50天以上；东海海滨及黄海海滨，全年雾日最多可达80多天。这些地方的雾，主要是由于海、陆对温度的反应不同而使水汽凝结为细小水滴形成的。大陆上的雾日比沿海少很多，有雾也大多是辐射雾。高山多雾，如四川峨眉山上全年最多雾日数达322.1天。确切地说，因云雾同源，对于高山，雾日数实为云日数。除山区外，内陆多雾的应算热带亚热带森林、河湖水体附近。“雾重庆”平均每年有约33个早晨出现重雾，雾日数为93.5天；雾日数多的西双版纳比重庆的雾日多出1倍。

雾是有害的。这一方面是因为雾可使能见度降低而影响交通运输和农事操作；另一方面是雾不干净，对人、畜及农业等有害。雾是近地层空气中的水汽凝结于空气中的凝结核形成细小水滴。因为形成雾的天气往往是大气层结稳定，有逆温层，不利于污染物的扩散，这些凝结核往往是空气中的杂质、尘埃、污染物；而且雾滴悬浮于含有这些杂质的空中。所以，雾不如露、雪、雨清洁，对人、畜和农作物、农事一般都有不利。历史上有这样一个故事：据《博物志》记载，王尔、张衡、马均，有一天在重雾中出行，结果一人无恙（没有病），一人病，一人死。人们就问是什么原因？无恙人说：我饮酒，病者食，死者空腹。这个故事说明，无论古代还是现代，大雾都有不洁净的，可以使人得病甚至死亡。对家畜和农业当然也不例外。除前面所说因能见度和水分而造成的不利影响外，在长期多雾区还因遮蔽阳光而减弱农作物的光合作用影响产量，还会使水果表面出现疵点。

雾可分为臭雾、火雾和清洁的雾。臭雾我们有时会遇到一种有臭味的雾，人们称之为“臭雾”。臭雾是因为污染所致，可能就是前面故事中令人得病和死亡的雾，当然也会使作物受害。夏半年，热天雨后的蒸发雾——农民称之为“火雾”，可使蔬菜大幅度减产；雾中若混有污染物，还可危害人、畜健康。当然也有清洁的雾，它含有较多的负离子，对人和生物有益；山区云雾可使茶叶质优，那秀丽的山川若加上雾的装点则更显雄奇、秀美、婀娜多姿。

不可忽略的是浓雾造成的“污闪”危害。农业的发展也在越来越多地用电，大雾造成“污闪”其危害也很大。

“污闪”就是由于空气污染加剧，大气中的各种酸、碱、盐、胺、酚、苯、重金属微粒、灰尘等污染物不断增多，这些污染物降落到输电线路的绝缘瓷瓶串上，日积月累，就好像给绝缘瓷瓶套上了一件“尘衣”。在浓雾天气时，这件“尘衣”被浓雾慢慢浸湿，使其依附在绝缘瓷瓶上成为可溶性电解质被溶解，在电压的作用下，泄漏的电流就会明显增大；另外，由于积成的污秽物和被浸湿的程度不同以及绝缘瓷瓶各部位的差异，绝缘瓷瓶表面便出现因干湿交杂而引起电压分布不均的状况。这样一来，输电线的通路受到干扰，在起不到绝缘效果或绝缘度很低的线路部位就会产生局部电弧“污闪”，从而导致全网络断电。

(二)人工消雾　一般的雾没有太大危害，而且多数到中午和下午因气温升高和对流加强而自然消散，或者不消散而成为云或变成细雨。但对有害的雾则须防雾和消雾。

1. 对局地雾的消除方法　①喷水，使雾滴与水滴合并而下落；②加热，使雾滴蒸发；③鼓风，加强空气扰动，促使雾滴蒸发和消散。

2. 对冷雾(温度低于0℃)的消除方法　常用人工增雨的原理在雾中播撒干冰或喷洒丙烷，促使雾滴增大落到地面。

3. 对暖雾的消除方法　常用的有3种：①在雾中播撒吸湿剂(如盐粉、尿素或飞机播撒盐粉和耐火土混合物等)，促使雾滴合并增大，下落到地面。②使雾中气流紊乱，造成雾滴互相碰撞合并变大，下落到地面。如用直升飞机在雾区上空盘旋飞行，利用飞机下沉气流向雾中混合进较干燥的空气，使雾滴蒸发消散。③在雾区里燃烧汽油或采用爆炸方法给大气加温和使气流紊乱，以达到消雾的目的。我国采用盐粉吸湿催化和直升飞机下沉气流干燥相结合的办法消雾，效果较好。

第七节　病虫害与气象

狭义的植物保护主要是防治病虫害；广义的植物保护包括防治病虫害、杂草及鸟兽危害，抗御气象灾害和灾害性天气以及进行农业环境保护等。世界谷物生产因为病虫害常年损失约 14%。我国常见的危害严重的病虫害有小麦锈病、稻瘟病、白叶枯病、蝗虫、水稻（玉米）螟虫、稻飞虱、蚜虫、红蜘蛛、棉铃虫等，它们的发生、发展和迁徙都与气象有关。

一、寒冬无奈小虫何

在气温高达 35℃时有些害虫的幼虫就会死亡，如果气温高达 45℃则是各种害虫的致死温度。不同的害虫对温度的耐受能力也不一样。而低温对于害虫的情况则复杂得多。

隆冬时节，天寒地冻，猖獗一时的害虫似乎销声匿迹。它们被冻死了吗？

常识告诉人们，除了抗寒力强的卵、蛹外，成虫、幼虫应当是被冻死了。可是事实并非如此，有许多害虫却存活下来。寒冬竟对小虫无奈。

那么在那漫长而又严寒的冬季里，这些害虫是怎样过冬的呢？原来它们有一套高超的越冬术。

第一，在深秋冬初越冬前，它们拼命地吃东西，使体内脂肪含量逐渐增加，到越冬时，虫体内脂肪含量已达到高峰，还贮藏了许多糖分。脂肪和糖的大量积累，不仅有利于它们越冬期微弱生命活动的消耗，同时也增加了细胞原生质的浓度、增强了抗寒性。

第二，虫体有“缩水”功能。越冬时，害虫极力降低身体里的水分含量。虫体内的水有2种：一种水在0℃时就会结冰，这种水叫“游离水”；一种水吸附在胶体质点周围，在−23℃～−32.5℃的低温条件下也不结冰，这种水叫“结合水”。虫体在即将越冬前尽可能取食含水量较低的食物，越冬中经过蒸腾和蒸发作用，尽可能多地减少身体内的游离水，因而结合水的比例相对提高，这就增强了虫体的抗寒能力。

第三，虫体会寻找适合的越冬场所。许多害虫都具有趋温性，这也是害虫的一种越冬本领。当天气变冷时，它们就向气温较高、温度变幅较小的地方迁移。有的飞到或钻到暖和的房屋壁缝中躲起来，有的钻入很深的土层里去，有的躲避在残根碎叶枯草丛和秸秆里避寒防冻。

第四，冬眠。这也是害虫越冬的一种重要方式。害虫的体温可随外界气温的高低而变化，越冬时进入冬眠，不食不动，呼吸微弱，体内的养分消耗极少。加之越冬前体内已积聚了大量的脂肪，因此在长期绝食、寒冻情况下，有许多害虫不会被饿死、冻死。一旦大地回春，它们便“苏醒”过来，跑出来繁殖后代。

以上是大多数害虫的情况。也有少数害虫越冬方式很奇特，它们有些像但不完全像候鸟那样，远距离迁徙，躲避严寒。例如，稻纵卷叶螟当气温下降至7℃～10℃持续1个月，它的蛹和幼虫就会全部死掉。因此，在我国北纬30°以北的广大稻区，包括浙江北部、安徽、湖北、上海、江苏、河南、山东、河北及东北三省，稻纵卷叶螟都是不可能越冬的。可是每年水稻生长季节，这些地方害虫的活动仍然很猖獗。原来这种虫子能够长途迁飞，每年3月下旬成虫便努力飞向高空，当飞到一定高度时，由于受到高空水平气流的影响，就随南方暖气流向北方飘飞，遇下沉气流便降落地面，繁殖后代为害水稻。接着，继续像上一代那样，飞向高空，随气流北迁。到9月份以后，它们又随北方的冷气流分段向南迁飞，飞到气温较高的南方躲避严寒。

二、病虫害发生发展与气象条件有关

病虫害的发生发展与气象条件的关系密切，我们可以根据气象条件和病虫生长发育繁殖规律的关系更好地进行防治。

例如蝗虫，性喜干旱，在比较硬的旱地上产卵，在地面温度31℃时迁飞。谚语说“干旱起蝗灾”。进行灌水、旱地改水田等就是灭蝗的有效办法。

小麦的锈病发病条件是田间郁闭潮湿，而小麦生长后期田间比较郁闭，株间湿度太大有利于锈病发生。如果通风透光良好就可以防御锈病发生。

水稻稻纵卷叶螟的飞迁和稻飞虱的飞迁都与天气形势和高空气流有关，因此预测和防治这2种害虫必须高度关注相关的气象条件。

风对于防、抗病虫害作用是明显的。首先是使株间通风，可改善株间小气候，使湿度降低到不利于病虫害发生的程度；其次是通风可改善田间透光状况，也可不断提供二氧化碳、加强作物的光合作用，使植株健壮，增强抗病能力。

有些害虫怕冷雨，如棉铃虫、黏虫、螟虫、红蜘蛛等，夏季一场冷雨就可杀死许多害虫。

三、病虫害预报是防治病虫害的重要前提

根据气象条件和病虫害生长发育繁殖规律的关系，在虫情、病情调查和对气象条件分析的基础上，预先知道病虫害的发生发展，是防治病虫害的重要前提。作物病虫害预报的重要因子多为与其有关的气象因子，所以作物病虫害预报是农业气象预报工作的项

目之一。也可由气象部门和植物保护部门联合制作病虫害预报。

农作物病虫害的发生发展与气象条件关系十分密切。以北方而言，如果冬季气温偏高、降雪少，则越冬虫蛹和病原等就多，翌年春、夏季病虫害发生发展的可能性往往就比较大；反之，就会好得多。再如，晚春多湿、风小，则锈病发生的可能性就比较大；天气干旱、气温偏高，就有利于蚜虫和红蜘蛛及蝗虫发生；而夏季的冷雨则对许多害虫有杀伤作用。

光也可用来捕杀害虫。利用许多昆虫的趋光性，制造一种能发出人的肉眼刚刚看不见却是害虫非常喜欢的蓝色荧光(黑紫色光)灯，就可以诱捕害虫。大约一盏 40 瓦的黑紫色光灯可以诱集 3.33 公顷左右范围的害虫。

四、看天气巧用药

药效和气象条件关系甚大，所以防治病虫害施用农药要看天气。

施药防治病虫害，以晴天为佳；若施药后遇雨则使药效大减，造成浪费；大风天施药也属不利。如果采用生物防治法，为害虫培育天敌也与气象有关，选择施放天敌的时机，气象更可以发挥作用。

高温天气一般不宜用药，因为高温会促进农药分解、降低药效。虽然有少数农药(如有机磷和硫制剂的农药)高温施用会提高药效，但对农作物容易发生药害，所以气温高时，特别是夏季中午不宜施用农药。

风大时影响喷药操作，还会使农药飘散，所以最好在无风的天气喷洒农药。

雨天施用，农药会被雨水冲刷而失效。如果空气湿度过大，则容易促进农药分解，使之失效或产生药害；而且在高温和高湿的情况下施药更会促进农药分解。所以，一般应在晴天的上午 9～11

时和下午16～18时施用农药。

另外，阳光对农药也有一定影响。如紫外线对许多农药有一定的分解破坏作用，有的遇到强光就会分解。所以，一般不在晴天中午施用农药，而且农药一般都放在棕色瓶中。

第七章　依气候科学管理事半功倍

第一节　管理要看天看地看庄稼

“顺天时量地利，用力少而成功多，任情反道劳而无获”。

农业管理就是依据农作物的生长发育规律及与环境条件的相互关系，采取必要的措施使其按人类的意志向着人类需要的方向发展，为人类提供尽量多的优质生物产品。

一、实行科学管理，看天看地看庄稼

科学管理，必须充分考虑作物的习性和生物学规律，考虑天气气候条件及实际农情、墒情。也就是要看天、看地、看庄稼，进行综合分析后来确定科学合理的促控措施。

(一)秋季管理　秋耕是秋季管理的重要措施。秋耕可以提高土壤的蓄水和保水能力。据试验，深耕 33.3 厘米(1 尺)比浅耕要多蓄水 30%左右，到春季 0～30 厘米深的土壤含水量(土壤湿度)提高 3.5%。若结合耙耱和镇压，效果会更好。深秋耕还能提高和增强土壤调节温度的能力。据观测，到冬季时深秋耕者 20 厘米深处比浅耕者土壤温度高 1℃。而且深秋耕还能够增加土壤有益的微生物。因此，秋耕要深，以晒垡和提高保蓄水分能力；而春耕则要浅，重点在保墒。所以谚语说“秋耕没犁，春耕破皮”。秋耕还要注意 2 点：一要逐渐加深，不要一下就翻起很多生土；二要注意

最好结合秋耕施用些基肥。

(二)冬季管理　①冬灌是北方开发深层土壤水的好措施。谚云"秋水浇冬水盖,不怕来年太阳晒"。田间管理很重要的是水分管理,因为加强冬季水分管理事关冬季土壤水分向耕层附近移动(见第三章的土壤水分),有利于防春旱,故而"不怕来年太阳晒"。②顶凌耙地。这是北方更为重要的保墒管理措施。因为这样做可以破坏土壤表层的毛细管,减少解冻表层的水分散失,还有利于土壤增温,加速冻土上层的解冻。③保护地栽培。为了充分利用大田的光热资源而采用薄膜育秧,为防春、秋季低温对农作物的危害而用保护地(风障、阳畦、大棚、温室等)栽培。

(三)春季管理　要充分利用有限墒情进行抗旱种植。如抢雨种、抢墒播,还可浸种催芽、坐水种等。谚语说"春分天变又多风,抗旱保墒不放松"。

(四)夏季管理　夏季气温高,光、热、水共济,正是万物争荣的作物生长盛期,更要加强管理。①充分利用光、热、水资源。因为夏季的光、热、水资源很可贵,这正如谚语所说"人热田边跳,稻在田里笑",是说人热得在田边跳,水稻则在田里高兴地笑。所以更要充分利用光、热、水资源,减少资源浪费。②抢天时,做农事。因为夏季常有突发性强对流天气,所以要躲开突发性强对流天气,抓住好天气抢做农事。故而管理要"春争日夏争时"。

(五)看天看地看庄稼安排农事活动　看天,在雨前施肥效果好,晴天施药防治病虫害更有效。

根据降水情况和墒情进行中耕(锄地)更能体现"锄头有水又有火"。墒情差,中耕可截断土壤毛细管,减少水分向土壤表层输送,从而减少水分散失,起到抗旱作用。又有谚语说:"下了雨就锄地,花蕾花桃不落地"。蕾、桃指的是棉花的花蕾和棉铃,雨后及时中耕锄地,可以破坏表层土壤的毛细管,及时保住雨水的墒情,减少蕾铃脱落。如果看天得知水稻收获前(灌浆期)会有台风影响,可以提前进行莳秧和放水烤田等促进水稻灌浆、早熟，在台风来临前收割，减少损失。如果预知秋霜偏早，就要加强管理促其早熟，如追施磷肥、给高粱打下部的老叶、深中耕等。

看地，“干锄包谷湿锄花，不干不湿锄芝麻”、“干锄谷子湿锄豆，毛毛细雨锄小豆”。这些谚语告诉人们，不同作物对气象条件的要求不同，所以管理要看天看地看作物的习性。还要依据土壤水分变化的规律和作物生长期内的几个需水关键期，来实施“节水灌溉”，可以既节水抗旱又保证稳产增产。如小麦是“麦收八十三场雨”，就是说种小麦用水的 3 个重要时期：一是农历八月，就是要保证播种有足够的水分；二是农历十月，就是要保证在土地封冻前有足够的水分；三是农历三月，就是要保证在拔节时期有足够的水分。

看庄稼，“河里冰凌响，地里萝卜长”。谚语告诉人们，尽管到河里有冰凌的时候，萝卜还在长，在不受冻的前提下不必过早采收。

“谷怕八月连阴雨，麦怕五月干热风”。是指要注意晚稻的“寒露风(雨)”和小麦的“干热风”的危害。

果树整枝、玉米打顶、高粱去其下部的黄、老叶片……等许多管理措施，也是既考虑不同作物在养分合成、贮运等方面的特点，同时又是为了改善农作物生长的农田小气候，以达到增产增收的目的。

二、加强农业生产关键期的管理

搞好农业生产，抓好关键时段的管理很重要。因为这些关键时段问题多、任务重，稍有疏忽就会出现问题，如春播及苗期、“三夏”期、秋收期等。这里以全年最紧张、最繁忙及灾情最多的 6 月份为例。

(一)关键性的6月份 6 月份，时值初夏，是我国农业生产的关键时段。原因有3条:一是全年气象灾害种类最多、次数最频繁的时期;二是"三夏"大忙时期,是气象万千变化的典型时段,又是热资源效用较高的时期,故而"抢"字当头,俗语说"春争日,夏争时";三是防汛重要时期,应提前做好准备,防患于未然。这一时期还要特别注重抓好以下几种灾害的防御工作。

1. 干热风　6月上旬是小麦产区干热风危害严重的时期。此时小麦处于灌浆期,当出现最高气温30℃以上、空气相对湿度30%以下、风力3级以上的干热天气时,就会使小麦受害,籽粒干瘪,甚至使麦株青枯,造成大幅度减产。预防干热风的办法是:及时灌水或喷灌,以改善田间小气候,喷施磷酸二氢钾、草木灰水和喷醋等,均能收到较好效果。

2. 干旱　6月份,北方雨季未开始,气温已升高,干旱继续发展,旱情比春季更甚。在江淮流域,有的年份若遇"空梅"(梅雨期降水极少或无降水)也会造成严重干旱。

3. 暴雨　6月份是我国长江流域及华南广大地区暴雨最多的时期,平均暴雨日数1～3天,占全年暴雨日数的23%～27%;北方雨季将开始,也常有暴雨发生。

4. 冰雹　6月份是全年冰雹最多的时期,就连冰雹并不很多的北方地区,如内蒙古、河北、山西等省、自治区6月份平均也有1～2天冰雹天气,占全年冰雹天气的20%～35%。一般规律是山区多于平原,高原多于盆地,迎风坡多于背风坡。

抗御冰雹危害,除临时做些局部遮挡和躲避外,主要是运用现代气象科学知识,通过飞机、高炮、火箭等播撒催化剂对雹云进行催化消雹。

5. 台风(含热带风暴)　6月份登陆台风以华南为最多,登陆地点可北进到汕头以北温州以南的地区。6月份登陆台风平均为1个,而影响这一带地区的台风还要多些。

6. 冷害　夏季低温冷害,主要发生在我国东北地区。6月份东北地区气温一般还在20℃以下。据分析，若6月份平均气温比常年低1℃～2℃，则可能使喜温作物（如玉米）生长延迟或使生殖生长产生障碍，造成大幅度减产。因此，若6月份气温比常年低，就要注意给玉米保温增温。

（二）梅雨与农事 6月份是梅雨时节。梅雨的早迟、强弱直接影响水稻栽插和“三麦”收获。梅雨是指长江流域和江淮地区初夏时期的连阴雨天气。其特征是阴雨连绵不绝，或降雨稍断又续。此时正值梅熟时节，正如《庚溪诗话》中所云：“江南五月梅熟时，霖雨连旬，谓之黄梅雨”。

农民群众和古代关于梅雨的概念和气象学上的概念是不同的。民间通俗的说法是：华南是“芒种后逢丙‘入梅’，小暑后逢未‘出梅’”；华中是“芒种后逢壬‘入梅’”，与华南相差4天或6天。也就是说，一般都是在“芒种”日后1旬内入梅，梅期为21～41天。各年入梅早迟、梅期长短略有不同。还可细分为梅雨和时雨，长江中下游地区群众习惯上也把“芒种”节气（15天）的降雨称为梅雨；把夏至节气称为“时”，即“三时”——头时3日、中时5日、三时7日，期间的降雨称为时雨，有的也称为“时梅”。

气象学上的梅雨实际上是指初夏的雨季，具体时间并不限定芒种日后多少天，不过该雨季一般均在6月中旬至7月上旬，个别年份也有出现在5月份的情况。

梅雨的早迟、强弱与亚洲地区西南季风的活动情况有关。梅雨的早迟、强弱与农业生产关系极为密切。如果在梅里降水极少甚至无降水即所谓“空梅”，则可造成干旱。而芒种、夏至期间又正是我国长江流域和江淮地区农事最繁忙的时候，此期干旱少雨将直接影响夏种和水稻栽插，甚至会耽误农时，对秋粮及其他作物极为不利；若梅雨过早、过强则会影响“三麦”的后期生长和收获。江苏省的谚语“桃花落在泥浆里，掼麦掼在蓬尘里；桃花落在蓬尘里，掼麦掼在泥浆里”就道出了“桃花水”和“梅雨”的关系和梅雨对“三麦”收割的影响。

总之，梅雨是否适时适量对长江中下游和江淮地区的农业生产是至关重要的。所以，了解梅雨的知识和梅雨的规律，对趋利避害、防涝抗旱是具有科学意义和实用价值的。

第二节　不违农时

一、农历指导农事不违农时

“不违农时”是农业栽培管理的第一要义。农时不可违，否则“人误地一时，地误人一年”。我国劳动人民千百年来积累了关于历法、气候、物候与农事关系的丰富经验。

(一)天文是历法的基础，农历与地球众事相关

1. 天文是历法的基础　天文影响气候，甚至大体决定气候。地球在椭圆形轨道绕太阳公转的运动并不是很均衡的，致使历法中有的年份稍短，有的年份稍长。每年夏季的长短也是不同的。20 世纪开始以来，夏季的长度一般在 93 天 15 小时 20～30 分钟之间。但 1994 年为 93 天 15 小时 31 分，就超过了一般的长度范围；1995 年 6 月 22 日 4 时 34 分夏至，9 月 23 日 20 时 13 分秋分，夏季历时 93 天 15 小时 39 分，夏季比上年长了 8 分钟；1999 年夏季比 1995 年又长了 4 分钟。不要小看这几分钟的差别，这些辐射能和天体相对位置的变动往往就成为天气演变和气候差异的触发机制。

2. 农历与地球众事相关

(1)地球自转的地极章动　大家知道地球是歪着身子的，极轴与黄道面成 23.5°的夹角绕太阳旋转。不仅如此，而且旋转的轴顶并不是总固定在一个点上，这就是地极的章动。地球的这种点头的章动会影响地球上的流体海洋(水体)和大气的运动。

(2)月球的作用　①伴星的作用。月球与地球的直径之比为3 476/12 720,质量比约为1/81。各天体的卫星都比月球小得多。另外,月球的岩石形成于46亿年前,地球的岩石最古老的只有39亿年。月球不是地球的“卫星”,而是地球的“伴星”。不是月球绕着地球转,而是月球和地球围绕它们共同的质量中心对转,就好像两个人拉着手旋转。所以月球总是一面对着地球,另一面总是背着地球。地球的公转在黄道上的位置就因这种运动而有微小变动,地球位置相对太阳的这种变动也足以对地球大气和天气气候产生某些影响。②月球引力的起潮作用。首先,月球引潮力能使地球自转轴的倾斜角保持稳定,从而使地球的气候相对稳定。月球和地球相互之间的引力作用,使地球自转轴的倾斜角变化保持在5°以内。如果没有月球,地球自转轴的倾斜角就可能以数百万年为一周期由0°～50°变化,地球气候因而也会大幅度变化,最终将使地球生物无法生存。月球引潮力可引起海洋潮,海洋学家可以根据农历很方便地研究和利用潮汐;月球引潮力能诱发地震,地震学家发现一些地区地震多发生在朔和望前后。月球引潮力还掀动大气形成“气潮”。气潮可以影响气压和天气,比如满月时的气压就往往较低。古希腊人认为“新月两头发红连续3个夜晚,就要当心发生风暴”;美国国家大气研究中心也发现,全美国最厉害的暴风雨发生在新月后1～3天或月圆后的3～5天。因此,有人主张在预报天气时应考虑月相。笔者也曾研究,月相的朔、望、弦对中国的冷空气活动有加速作用。③月球与地球众事相关。科学家们的许多研究和事实说明,月球对人体健康和生物活动都有影响,地球上许多生物(包括人类自己)具有和农历“月”周期类似的生命活动周期,这也是亿万年来受月亮影响的结果。而且月圆之夜地球还会稍许变暖。美国亚利桑那州立大学气候学专家罗伯特·巴林和兰德尔·塞维尼通过气象卫星精确测定,满月时地球的平均气温上升了0.017℃,此时照射到地面上的月光携带着每平方米

0.0102 瓦的热量。

现代气象学家也发现，大气运动虽然主要原因在于太阳辐射转化的热能因地球下垫面状态和纬度不同而造成的热能分布的不平衡，但是天体运行、地球的运动、月球的引潮力等的作用都是不可忽视的。

(3)中国的农历是阴阳合历　农历考虑了上面这些情况，考虑天体运动既考虑了地球，考虑了太阳又考虑了太阴(月亮)，根据太阳、月亮与地球三者的相对位置即以“月相”纪月、以太阳纪年。月相就是太阳、月亮、地球相对位置形成的表象。农历的“月”是以月相变化一周 29.53059 天为一个月，而不同于阴历月球绕地球一周 27 天多为一个月；也不同阳历不考虑月球只考虑太阳而把一年等分 12 份，再加上宗教的考虑而为 12 个月。农历的置月分“大健”(30 天)、“小健”(29 天)，又通过“置闰”来对地球公转的差值进行调整。这或许与地球不是很均衡的公转有些关联。所以农历也与大气运动和天气气候有关。

农历不仅是我国的自古以来惯用的历法，其意义更在于农业。它不仅考虑了太阳对节气的影响，而且考虑了月亮等的综合影响。例如，人们千百年来通过观察总结，认识到一些规律，形成为谚语。

“立春早，种稻不宜早；立冬迟，种稻不宜迟”(江西)。这里的早和迟，是指立春的农历日期。是说农历立春早，可能春长或者有倒春寒，所以种稻早可能遇上低温阴雨；立冬的农历日期迟，可能春天比较暖和，种稻不宜迟，以免影响农时。

“二月清明莫在前，三月清明莫在后”、“二月清明不要慌，三月清明早下秧”(湖南)。这两条谚语意思相同。若清明节出现在农历二月份(按农历偏早)，清明节气可能温度偏低，春播不要太早，太早可能会遇上冷害；若清明节出现在农历三月份(按农历偏晚)，清明节气可能会比较暖和，春播不要太晚，太晚可能对后期的农时和农事有影响。这是黄河下游的劳动人民按农历节气总结出的气候与农业关系的经验。

“六月小，瓜菜吃不了；六月大，瓜菜剩不下”。这里的“小”是指小健，即六月份为 29 天；“大”是指大健，即六月份为 30 天。还有谚语“六月小田中雨渺渺，六月大晒死田中蛙”。这两条谚语放在一起，就是“六月小，雨水相对较多，瓜菜不会缺水；六月大，则可能干旱少雨，对瓜菜不利”。谚语也指出农历与气候有关。

“六月立秋，早收晚丢；七月立秋，早晚都收”。从谚语中看出立秋的农历日期早晚对农业的影响。谚语告诉人们，立秋的农历日期在六月的年份，季节转换早，要早收割则有收成，收割晚了就会遇到霜冻等灾害而没有收成；立秋的农历日期在七月的年份，一般季节转换晚，霜冻也晚，收割期没有太多灾害，早收晚收都有收成。从谚语中看出立秋农历日期早晚对农业的影响。

“来年荒不荒，七月十五看月光。月落早于天亮，越早越荒；月落晚于天亮，越晚越旺”（湖南）。意思是如果月落山早于天亮，时间越长，来年越荒；否则来年年景好。这是在说月球、太阳、地球相对位置与来年的年景有关。

“闰月在前半年霜早，闰月在后半年霜晚”（山东）。这条谚语也是说农历对农业的影响。

“闰月年，好种田”（贵州）。意思是闰月年在贵州省一带可能会风调雨顺，好种田。对于黑龙江省来说，可能会暖得早，可以早种田。

“一年两头春，带荚的（黄豆）贵如金”（河北、河南）。带荚的是豆类作物，它们的需水量比水稻等要小，但是比其他旱作物如谷子、高粱、玉米等要多。就是说在农历一年的两头都有立春的年份，可能会偏旱或者会涝。

（二）干支与气候和农时的关系 如果说中国农历的第一个特征是天体运行，是考虑了地球和太阳、月亮的“阴阳合历”，那么第二个特征就是“干支纪时”。干支纪时就是以天干和地支的排列组合纪时、日、月、年。天干是10个:甲、乙、丙、丁、戊、己、庚、辛、壬、癸;地支是12个:子、丑、寅、卯、辰、巳、午、未、申、酉、戌、亥。天干和地支的排列组合共有60个,再往复循环,就成为以60及其倍数来纪年、月、日时。60及其倍数正好与地球及天体圆运动相干,这是中国历法的优势,数千年无误(胡继勤《时间和历法》)。

时辰,一个时辰是2小时:子时23时至次日1时、丑时1～3时、寅时3～5时、卯时5～7时、辰时7～9时、巳时9～11时、午时11～13时、未时13～15时、申时15～17时、酉时17～19时,戌19～21时、亥时21～23时。社会上有些人不了解干支而把半夜子时说成午夜,这是错误的。

干支纪时与农业气象和农时关系密切。气象谚语"大风不过酉",就是说一般的风到酉时(17～19时),由于对流减弱而使风力减小。

大众常用的"入梅"、"出梅"、"伏"、"社"等都是与"干支"和"二十四节气"相对应的。华南是芒种日后逢丙"入梅",小暑后逢未"出梅";华中是芒种日后逢壬"入梅";"伏"是"夏至三庚便数伏";"社"有春社和秋社,春社为立春日后第五个戊日,秋社为立秋日后第五个戊日。

"冷在三九,热在中伏"(全国)。"伏天"是一年中最热的时候。为什么不在夏至而在夏至后第三个庚日(就是夏至后20～29天)才入伏进入最热的时候呢?这是因为夏至太阳直射北回归线,太阳辐射最强,但是地面热量的收入还在一直累加,夏至后相当长一段时间地面的热量收入仍大于支出,在20多天后地面的热量收入不再累加,收入和支出接近平衡,就进入温度最高的时段,就是"伏天"。出伏后地面的热量收入少于支出,于是天就不那么热了。

河北省"头伏萝卜,二伏菜,三伏有雨耩荞麦";河南省"头伏萝卜,二伏芥,三伏头里种白菜"。可以看出由于河南省与河北省气候的一些差异而造成种白菜时间的差异。

"麦过芒种稻过秋,豆过天社用镰钩"。"天社"是立秋日后第五个戊日,相当于秋分日前后。谚语所述也是节气和农时的需要。及时收割是为了保证下一季庄稼正常播种和成熟。

这里引证的都是干支指导农事管理的例子。

二、"二十四节气"在当地的灵活运用是我国劳动人民的创造

"二十四节气"反映了气候与农时。"二十四节气"是农历的第三个特征,是中国农历的重要组成部分,它反映了气候变化与农时。"二十四节气"是:立春、雨水、惊蛰、春分、清明、谷雨、立夏、小满、芒种、夏至、小暑、大暑、立秋、处暑、白露、秋分、寒露、霜降、立冬、小雪、大雪、冬至、小寒、大寒。中国农历的"二十四节气"不是简单地把一年(365 天)分为 24 等份,而是按太阳视运动划分的。由于地球轨道是椭圆的,所以各节气的实际间隔并不相同。冬至附近节气的间隔为 14 天多,而夏至前后节气的间隔为 16 天多。"二十四节气"还反映了北半球的季节差别:夏半年(春分至秋分)为 186～187 天,冬半年(秋分至春分)为 178～179 天。

还因为农历的月是以"月相"变化一周 29.53059 天为一个月,所以"二十四节气"的农历日期每年也不同。公历的月基本是把年分为 12 等份,日期的安排加了些宗教的因素。但是"二十四节气"则如上所述。所以"二十四节气"的公历日期也不都固定在一个日子上,而是上半年基本在公历 6 日前后和 21 日前后,下半年在公历 8 日前后和 23 日前后,前后约有 2 天的变动。

"二十四节气"的名称不可能与每个地方的实况完全一致。名称只是季节差异和这个时期变化特征的一个符号,关键是能够反映出节气间的差异和节气的变化特征。

不妨看看北京市多年逐日平均气温变化曲线。立春之前持续

的冷(温度低),而从此以后则温度较为稳定地上升;立秋之前持续的热(温度高),而从此以后则温度较为稳定地下降;立夏包括北京市在内的华北及以南大部地区在此节气日平均气温升至20℃以上,极端最高气温经常达35℃以上;立冬的日平均气温北京市已降至5℃以下,平均最低气温已在0℃以下,作为冬季开始也属正好。而且据笔者对冷空气活动资料统计,立冬日及其前后1～2天内往往会有一次强冷空气活动。以“四立”和“二至”、“二分”及其他16个节气把全年所分成的24个时段,都能反映出年内各时段的气候差异和特点。何况各地已对每个节气总结出许多当地适用的规律和方法,成为当地气候和指导农业生产及生活的常规知识。“二十四节气”能反映气候特点,但不会像物候似的受水分、营养、品种以及生长地段、管理措施等非气候因素的影响。

“二十四节气”已深深扎根于各地农业生产实践之中。几千年来,在我国劳动人民中间逐渐形成了依“二十四节气”结合当地实际务农的许多知识经验和办法。各地对各“节气”在当地的物候特点及农事活动,已总结出当地的许多规律,用于农业管理。

例如,谚语指导广大地区春季管理和抗旱:“春分天变又多风,抗旱保墒不放松”。

华北“清明早、小满迟,谷雨种棉正当时”;北京市“清明早、立夏迟,谷雨种棉正当时”;河北省、陕西省“清明玉米、谷雨花(棉),谷子播种到立夏”;河南省、河北省“枣芽发种棉花,谷雨前后把种撒”。在华中则是“清明前好种棉”。在这些时候,都能满足棉花发芽出苗对日平均气温在12℃以上的要求。谚语指出华北比华中适宜种棉的时间晚10多天,这也可看出华北与华中的气候差异。

河南省种杂粮“清明秫秫、谷雨花,插罢薯秧好种瓜”。

再如小麦播种:华北中北部“白露早、寒露迟,秋分种麦正当时”;而华北南部及以南一些地区则是“秋分早、霜降迟,寒露种麦正当时”;在安徽省、江苏省则是“寒露蚕豆、霜降麦”;浙江省则是

“立冬种麦正当时”。这正好反映了从北到南的气候差异。

河南省的谚语指出，由于高山比较寒凉，平川比较温暖，所以种麦“白露种高山，寒露种平川”，高山要比平川早种一个节气(15天)；由于土质的凉热属性不同，所以种麦“淤耩白露、沙耩寒(露)两合土地秋分缠”。

长江流域早稻栽插要“小满秧满田”；而在黑龙江省结合玉米种植经验总结出“处暑不拉头(不抽穗)，割倒喂老牛”的规律；北方的清明，正是柳绿花红、空气清新、春光明媚的“青(绿)”且“明”的时候；江浙一带已认识到当地“清明混”的规律。河北省的“立夏大风多，大雨往后拖”，认识到立夏节气15天如果大风次数多，往往大于40毫米的降水过程开始的日期就比常年晚，对应关系很好。

在华中寒露节气气温已是降至20℃以下的时期，如果晚稻再不抽穗，则花粉难以成熟，将影响受粉致使籽粒不实。所以华中和广东都有“寒露不出头，割了喂老牛”的说法，一定要采取措施使晚稻在寒露前抽穗。如此等等，各地已对“二十四节气”有了自己的认识并运用自如，而且在不断发掘。

河南省也有“惊蛰不耙地，好比蒸馍跑了气”的谚语，告诉人们春季管理顶凌耙地对于保墒的重要作用。

指导中耕方面，华北谚语“立夏三日遍地锄”，告诉人们管理要早，立夏要及时中耕。

谚语“立秋扒破皮，秋后顶一犁”和“立秋耙一耙，强似犁一夏”。因为河南省、河北省等地这时雨季刚过，即将进入“七月八月地如筛”的迅速失墒期，要及时中耕耙耱保墒。

“处暑提镰割早稻，白露提镰不认青”(湖南)。为了保证农时，到白露节不管熟没熟即便是青的都要割了。

“麦过芒种稻过秋(立秋)，豆过天社(相当于秋分)用镰钩”。天社是立秋后第五个戊日也称秋社，相当于秋分节日前后。谚语是在以节气指导收割。

各地形成的关于“二十四节气”的农谚，使“二十四节气”更具有因地制宜和因时制宜的特点。

三、物候用于管理

物候也是气候的一种表现，所以物候学也属于地学中的气候类学科。

物候是其前期温度及干湿等多因子综合作用的表现，有的在某种程度上对未来有指示作用；更多的则是多年来某物候与某农事总在一起出现，使人们认识到物候与农事有关。

北魏贾思勰著《齐民要术》中写道：种谷子，二月上旬……杨树出叶生花的时候下种是最好时令；三月上旬到清明节，桃花刚开为中等时令；四月上旬，赶上枣树出叶，桑树落花便是最迟时令了。宋朝诗人陆游在《鸟啼》中写道：“二月闻子规，春耕不可迟；三月闻黄鹂，幼妇悯蚕饥；四月鸣布谷，家家蚕上蔟；五月鸣雅舅，苗稚厌草茂……”诗人写出 4 种鸟鸣与相应的农事。这里的这些物候期，实际都是该物候的多年平均日期。

物候每年不同，但是物候的平均日期一般也是稳定的。

我国农村中流传不少关于物候与农业管理的谚语，例如：“榆树开花，甘薯育秧”、“枣芽发，种棉花”、“麻黄种麦，麦黄种麻”。

四川省绵阳地区种冬小麦“雁鹅过赶快播，雁下地就嫌迟”；“过了九月九，下种跟着菊花走”。

物候固然能表征温度等的累加和光照等综合感受以及不同植物耐受性、可塑性、适应性等，但也受多种非气候因素水分、营养、品种、管理以及生长地段等影响。重要的是所选物候是否能反映当地的气候特点，所选的物候能否具有比较性。因为我国南北东西动植物种类差别很大，所以物候学家宛敏渭也认为很难要求各地都用某几种物候，只用几个物候的物候期来反映气候情况也是不可能的。就是说物候的比较优势较弱。

这就是说物候也存在着不确定性。例如果树，不同的品种、地块以及冬前浇没浇水、施的什么肥、采取什么管理措施等都会使物候期有明显差异。

显然，物候与“二十四节气”结合使用效果可能好一些。

四、巧用农时提高产量

“凡农之道，候之为宝。”如何充分利用农时和巧用农时是农业的关键。例如，调整玉米的播种期并通过一些管理措施，使玉米、谷子等的“大喇叭口期”(抽雄和抽穗前)避开“卡脖子旱”而赶上雨季，则可保证有较高的产量。

农作物的栽培管理要“春巧、夏抢”，就是基于对气候资源的利用和防御灾害性天气而进行趋利避害的综合考虑。春天播种要巧抓天气过程的冷尾暖头；适当早播，如能瞻前顾后考虑到该农作物在以后的生长发育过程中的灾害性天气，巧妙地调整播期等使之趋利避害，又能兼顾全年生产，当然属上策。例如，华北地区春玉米生长中期在“大喇叭口”(抽雄前)时往往会遇上“卡脖子旱”，将影响抽雄，导致严重减产。若推迟播种，使旱期处于苗期，而使“大喇叭口”这个关键期错开“卡脖子旱”，而到了雨季，玉米就会免受灾害。

夏季由于农时紧迫，而且夏季自然资源更加宝贵，要尽量减少农耗，减少自然资源的浪费，所以在管理上的重要原则就是“抢”。

第三节 气象科学指导管理

一、科学管理增水保墒

据农作物生长状况和土壤墒情及天气气候状况等进行水分管理和安排农事操作。例如根据关键性、转折性、灾害性天气预报，科学安排不同地块农事活动；培育健壮植株，增强抗逆性；有些作物生长后期可打老叶、中耕以及喷施磷肥促进成熟等。这都是减少水分消耗的办法。常用的增水保墒的办法主要有以下几种。

（一）冬灌　这里说的是科学增水和对于农作物用水的保证工作。根据农业气象对土壤水分的季节变化规律的研究（见本书第三章第三节）目前看来冬灌是最经济实用的方法之一，因为它是把土壤深层的水分调动上来为农作物利用的有效方法。谚语说："冬水灌得好，明年籽粒饱"。可见冬灌对于整个年景都是很重要的。

（二）滴灌　滴灌是应该大力提倡的一种节水灌溉。因为滴灌是直接把水滴灌在农作物的根部，对水的利用率最高，最节约用水。

（三）巧灌　灌溉应因季节而不同。如谚语所说："冬水不能忘，春水不要慌"。是说冬水必须要灌，而春水不必灌得太早。

"春浇清明后，春耕深一寸，旱涝都吃劲"。因为清明以后进入春季快速失墒期，土壤水分丢失很快，所以灌溉要在清明以后进行；春耕得深一点，对于抗春旱有利。

（四）耙耱、中耕　这是常用的有效的保墒措施，用好用巧既保墒又增温。

"三分犁，七分耙，天旱雨涝都不怕"。可见耙地，不使土壤有坷垃、不被风抽，对于抗旱保墒是很重要的。

如何中耕保墒？谚语说"头遍浅又细，二遍深又平，三遍上面堆个圆蓬蓬"。这是中耕的经验之谈。而且锄地不是锄一两遍就完了，而是如谚语所说"庄稼不收，锄田不休"。

（五）壅土、培行　对有些作物壅土、培行是很好的保墒和抗旱涝的措施。如小麦壅土、棉花培行等就是有效措施。谚语说"棉田培了行，天晴下雨都肯长"。是因为棉花培行后保水性能良好。

（六）科学增水　科学增水的重要方面是人工降水。随着科学的发展人工降水所用的凝结核制剂的成核率大幅度提高，人工降水的成功率和增雨效率也有更大提高(人工降水,见本书第三章第二节)。

二、科学管理光和风

(一)光的利用及管理 科学用光的核心就是提高对光能的利用率,要尽可能利用各种可以进行光合作用的"光"并把这些光引到需要光的地方。

将来更进一步利用光能发展农业还可有些新途径。一方面可以利用非直接阳光和其他弱光等。例如有的作物可利用月光进行光合作用,还有的可利用灯光的弱光,夜间有些带电的低云也可使一些植物进行一定的光合作用。另外,闪烁光照比同样强度的稳定光照的作用还要好,这也是叶片摇动对于农业的积极意义之一。

可把阳光用光导纤维导入室内,甚至导至植物枝叶浓密处和叶面下部。日本筑波科学城曾以光导纤维培育了株产万果的番茄。随着科技进步和社会进步,工厂化农业也不是不可能的。

培育新的4碳植物,也是一个方面。4碳植物就是其光合作用所产生的碳水化合物中含有4个碳原子,而一般植物的光合作用所产生的碳水化合物中含有3个碳原子。4碳植物对光能利用率高于3碳植物。

(二)风的利用及管理 与风相关的管理,很重要的是风能的利用。风能是一种农业可以利用的资源。怎样管理风、怎样利用风进行管理呢?

首先就是利用风能发电。目前在风能资源比较丰富的地方,如内蒙古自治区风能发电已用于畜牧业。古代就有利用风力进行灌溉的风力水车。随着科学技术的发展,风能将会更广泛地用于农业。

其次是营造防风林带,防止大风危害。小风对农业是有益的,太大的风对农业有害。当然农业管理就要避开大风,或者使大风减弱，而在无风或风小时进行农事操作。小风能减轻作物的郁闭度，有利于通风透光，减少病虫害；而且风可为作物提供更多的二氧化碳，这是光合作用的需要。闪烁光照也对光合作用有利。而营造护田林就是避大风、用小风的好办法。

三、集约经营的投入包括气象

现代农业实行集约经营，这是现代农业发展的必然趋势。

集约经营就是对土地实行集中投入、精耕细作的耕作方式。也就是在所经营的土地上集中投入劳动和生产资料，如肥料、农药、工具、优良品种、先进农艺、先进管理……等等。其目的就是减少生产单位农产品的消耗，而从单位面积土地上获得更多的农产品，不断提高土地的生产效率。实际上，集约经营也就是发扬我国精耕细作、综合考虑农业十大要素、进行科学合理的经营。

集约经营可充分利用土地资源和各种自然资源。

第一，集约经营是把各种资源和劳力尽量好地组合在一起，而且又要做到尽量少的消耗，所以它必然对土地及各项资源利用和管理也尽量的充分合理。

第二，集约经营是劳动及各资源元素（如水、肥、温度等）的最佳搭配，所以表现为土壤的最佳贡献。当然是对土壤的合理利用。

第三，各元素对根系的吸收都是有影响的，而“集约经营”是各资源元素（如水、肥、温度等）的最佳组合和搭配，所以作物从土壤中的获取是最充分的。水、肥、气等组合的量最足、质最优。

第四，集约经营的投入包括“气”。集约经营包括充分利用农业气候资源，要考虑农业气候区划、小气候及气象等知识。集约经营的投入中包括各种自然资源，当然就包括农业气候资源和知识的投入。农业气候资源和知识的投入是一本万利的。集约经营实际也就等同于综合考虑农业十大要素，进行科学合理的经营。

第八章 利农之器，当虑气象

第一节 农业机具与气象

一、农业机具使用与气象

“工欲善其事，必先利其器”。可知农业机具对于农业生产是至关重要的。

工具是手的延伸。目前我国的农业主要还是露天进行的，农作物生长和各项农事活动都直接受天气气候的影响，作为人类手的延伸的农具及其使用当然同样受天气气候影响。晴天使用的工具，雨天往往就不便使用；旱地农业地区使用的锄头、镢头、鹤嘴锄、小铲等农具，在湿润多雨的南方只能用于旱作和园艺。

对于农用工具和机械，不管是制造还是使用，都需要考虑各地区的天气气候特点和有关条件，才能更好地发挥其降低人的劳动强度、提高劳动效率的作用。

不同天气条件、不同气候类型的地区要用不同功能、不同特点的农机具。例如抗旱需要提水工具，南方多用水车，而北方则用得很少；在南方降水充沛的水网地区农用水泥船是有用的，而在干旱的大西北这种农机具则毫无用处。

我国是一个多山的以大陆性季风气候为主的国家，降水很不均匀。山川丘陵多，局地水分差异明显，对于排灌提水工具比气候较为单一的平原地区需要得多，扬程也高。在丘陵地区的大量坡地实施喷灌、滴灌更为合适。我国这种多山的立体气候、配置的立体农业、多样化农业，要求农机具种类多，而且要轻便、便于移动。

二、农业机械化与气象

我国幅员辽阔，各地气候差异很大，对农机具的需要和使用情况应当有很大差别。在我国东北北部、西北北部、高原的高寒地区的各种农用机具，特别是其动力部分都必须有极强的耐低温性能，不然就会在－40℃～－50℃的严寒中"抛锚"甚至被损坏；而在南方多雨潮湿的气候条件下更需加强保养，以免生锈和运转不灵。

在东北垄作区，土地广阔，因为年内总热量较低，土壤有机质较多但熟化不够，以垄作一年一熟农业为主，所以可以发展负荷大、运距长、工时长的大型机械化农业机具和农用运输车辆，包括大面积耕翻、整地、起垄、播种、中耕、收获等机械。

在华北，由于气候条件比东北好一些，田地也多为平作种植，复种指数多为二年三熟，因而对于综合开发和改造低产田用的农机具更为需要。

在我国东南丘陵水田区，因气候温暖雨量充沛，生长季长，人多地少，土地利用率较高，作物种类多，所需农用机具种类较多，尤以旱水两栖、水旱轮作、二熟和三熟制所需的轻型及精耕细作型的农机具为多。

我国西南及立体气候和立体农业为特征的地区，对高扬长程的提水机具、喷灌机具和基本农田建设机具，以及因交通不便而需的筑路机具等也很需要。

西北旱农区降水量较少，以抗旱和水土保持为特征。所以造林种草等的绿化机械和高扬程提水、喷灌、滴灌机具应用较多。

高原牧区，干燥、寒冷、能源缺乏，需要开发利用光能、风能资源的设备、防冻设备以及农、牧基建工具和大面积作业农牧业机具，割草机、农业机具、提水供水机具。

依据天气和墒情使用农机具，既可提高工效又有利机具保护。例如雨天显然不利于农机收割；在土壤湿度适中、为田间持水量的70%左右时机耕效果最好，不结大坷垃，也最省力，不粘犁。再如，中耕除草不宜在雨前进行，否则不仅松过的土又会板结，而且锄过的草还可能复活。

农业机械化，要不断提高使用农业机械的工效，以大大提高工作效率、减少农耗、节约农时、抢农时抢季节，这本身就是提高对气候资源的利用率。

第二节　农业工程与气象

气候状况具有资源属性，可作为资源进行开发。除前面所说的气候区划和农业气候区划、农业气候资源分析外，还为经济建设提供了资源服务。例如风能、太阳能等气象能源的开发利用已经开展，近几年内蒙古、新疆、西藏等自治区气象局先后完成了风能太阳能的调查和区划。现在内蒙古草原上的风车已经发电，为牧民带来光明并提供了动力。还可据气候资源对一个地区的人口及工农业承载能力提出决策服务。许多重大的工程建设，如黄土高原的水土保持工程、江河综合治理工程，在刘家峡、龙羊峡、二滩等地的大型水力发电站的选址、评价等方面都考虑了甘肃、青海、四川等省气象部门提供的气候依据。

气象部门还先后为农业和工商等行业运输所需要的港口建设、桥梁建设、公路建设等工程提供了工程所必须的大量气候服务。至于建筑中对通风、采光和采暖等方面的要求都需考虑气候因素。

全国各地不同地区的农田基本建设、农田水利工程建设、山水林田路综合治理，以及综合开发和改造低产田等工程建设等的设计应当考虑当地的农业气候特点和地理特点；具体实施建设中更需要考虑阴、晴、雨、雪、风、雾、寒、暑来采用适当的机具和进行操作。

第三节　信息化时代及现代农业与气象

一、遥感技术信息

高技术可生高效益。气象部门的高新技术，例如卫星遥感技术已经用于各界服务。1987 年 5 月大兴安岭特大森林火灾就是由卫星云图发现的，各级领导还以卫星云图为根据指挥灭火工作；1991 年江淮大水，湖北省黄冈地区党政领导以卫星云图作为“战略地图”指挥抗洪抢险救灾；1988 年江苏省气象局建立的农业生态环境气象卫星遥感实时监测系统，在 1991 年大水和春季的低温服务中也发挥了重要作用；广西壮族自治区仅在 1992 年就利用卫星气象云图发现 6 处森林火点。

卫星遥感技术还为有关部门提供了海冰冰情服务；根据对海洋水温等的探测提供鱼情服务，使鱼产量大大增加；气象科技工作者利用卫星遥感技术开发小麦等农作物生长状况服务，根据绿度等指标遥感预测产量；遥感测量水灾面积，为抗洪救灾提供服务等。

近年来，我国发挥气象部门的技术优势，有些地区还成立了科技服务实体，不仅开展了气象技术服务，还开展了无线电技术服务。这都是新形势下为农业服务的现代农业工具。

二、警报机对讲机跻身服务网

《中国气象报》报道，警报接收机里刚刚响起灾害性天气预报，气象服务用户立即打开专用对讲机，向气象部门询问详情、提出要求，这种情景已经在越来越多的地方出现了。

20世纪90年代初，福建、湖北、江苏等近10个省的部分地、市、县气象局，把对讲机纳入城乡气象服务通信网，为党政领导、用户统一安装，统一管理，用于公益服务和专业、专项服务。

福建省武夷山、南平、同安、厦门等地气象局为一些用户安装了对讲机。经过实践，他们认为这一新的服务手段有利于加强与党政领导、用户之间的联系，使气象服务过程由单向辐射变为双向交流，有利于增强服务的及时性和针对性，并且更加深入具体。有的气象局在预测到出现气象灾害、有线通信中断的情况下，利用自己的对讲机通信网传递党政领导的指示和灾情报告，起到了上情下达、下情上达的桥梁作用。

湖北省荆门市气象局在市政府支持下，结合全市农村气象科技服务网的建设，为77个村和部分企事业单位安装了对讲机，在乡镇一级设立分台，气象局主台直接与分台联系，分台再将气象信息转到各村。在当前农村有线通讯普遍落后的形势下，这个无线通信网络大大方便了乡镇干部和用户利用气象信息指挥生产、趋利避害，深受欢迎，因而也扩大了服务面。

三、现代农业和市场农业与气象密切相关

国家要在现代农业和市场农业的今天解决“三农”问题，当然要考虑现代农业和市场农业的特点，既要考虑规模经营和市场营销，又要考虑到农业的另外2个特点：就是农时不等人的特点和农产品易腐、易霉的特点。所以，农产品要及时运出销售和贮藏，农用物资要不违农时地运到农村。

从这层意义上看，农业比工业和第三产业更需要更快更好地贮存、运输和保鲜；农村更需要交通建设，需要更好的贮存、运输工具（包括车辆）。气象可以很好地为农村的交通建设服务，保证农村交通运输畅通；农业气象工作可以做好农业气象预报和农业气象条件预报、产量预报、农产品保鲜环境和保鲜技术等，以便生产

上据此进行计划、调运、期货贸易、运输、贮存和保鲜等。这也是市场农业对农业气象的要求，这当中都需要气象服务。

第九章　万物生长靠太阳

第一节　阳光是生命之父

一、光合作用

有人说:“水是生命之源,阳光是生命之父”。这是不无道理的。

在阳光的作用下,绿色植物(叶绿体)把二氧化碳和水合成有机物、放出氧气,并由从土壤吸收来的矿物质的参与而转化成更多、更复杂的有机物。这就是对于所有生命有最伟大意义的光合作用。由此万物才得以存在、繁殖和发展。

太阳辐射使绿色植物的叶绿素通过光合作用,把二氧化碳和水化合成有机物,这是形成农业产量最基本的也是最主要的过程。因此,农业生产必须考虑光能的利用。我们知道,一季稻的单位面积产量一般是北方高于南方,天津市高出上海市1/3。其重要原因是北方光照强、阴雨少,太阳辐射能强于、多于南方。当前,太阳辐射的农业利用效率还很低,仅在2.6%~5%之间,我国多数地区仅在3%左右。

目前,人类尚不能像进行水肥管理那样来管理阳光,而只能靠植物的叶面去捕捉阳光。所以也就决定了当今的农业仍然是露天的,其生产的丰歉和安全是处于“靠天”的状态。

太阳给地球提供的光能一般地说,基本是一个变化不大的常数。当然,在不同纬度、不同季节,因太阳高度角的不同,地表面得到的太阳能是不同的。另外,云量的多少、云层的厚薄、大气能见度的好坏和下垫面的状态等都影响达到地表的太阳能和对太阳能的获取量。因此，太阳辐射能资源在各地的实际分布是不同的。我国各地年光合有效辐射分布是西部多、东部少。西部为 $24\times10^8\sim28\times10^8$ 焦耳/米^2，东部为 $18\times10^8\sim24\times10^8$ 焦耳/米^2。川黔一带多阴雨，光能最少，有些地方在 18×10^8 焦耳/米^2 以下。太阳能最丰富的是我国西北地区青海、西藏、新疆一带，在 30×10^8 焦耳/米^2 以上，因此在水肥等条件有保证的情况下高产记录多出在这些地区。但是实际的大面积高产却是在四川盆地、长江中下游和珠江三角洲地区。这说明生产力水平影响着太阳能的利用，而太阳光能利用是由多个因子综合起作用的。因此，若使农业增产不仅要研究影响获取阳光量的因素，还要研究影响光能利用效率的因素。

光合作用的原料是水和二氧化碳，实际空气中的二氧化碳的含量对于光合作用的需要来说是不充分的，这不仅是原料不足使光合产品不够多，而且影响光合效率。由于叶片从流动的空气中捕获的二氧化碳比在静止的空气中得到的二氧化碳多，所以微风可使光合作用及光合效率提高，在温室栽培中施放二氧化碳可以明显增加农作物的产量。

适宜的温度是保证光合作用正常进行的必要条件。温度较低使所有生理生化过程强度减弱，过低的温度使光合作用难于进行。在0℃～30℃之间，气温每上升10℃光合作用增强2倍；在25℃～30℃之间是光合作用最适宜的温度；高于30℃则光合作用由于呼吸增强、呼吸消耗多于光合合成物，而使光合生产率下降；在45℃时甚至叶绿体和酶也受到破坏，光合作用停止。

水分不足也影响光合效率。处于凋萎状态的植物其光合作用几乎难于进行。

微量元素可以在阳光作用下保证叶绿素形成，并维持其正常光合功能。

太阳辐射能中只有不足50%是“光合有效辐射”，可被用于光合作用。

天气条件（云和天空状况）影响光合作用。因影响透光量而影响光合作用；又因大气状态、云、水汽含量等因素对不同波长光的吸收率不同，而不同波长的光的光合效率不同，所以还因天气条件对光质的影响而影响光合效率。

二、冷热源于太阳

农作物和各种生物都要求适宜的温度，而气候的冷和热主要源于太阳的辐射。

秋意益深，天气渐渐冷了。几个月前北京还是气温30℃以上的夏季，再过一段时间又是渐凉的秋季和寒冷的冬季了。细心的人们会注意到，太阳原来还在我们头顶，到秋、冬季太阳则渐渐向南离开我们。天冷是因为太阳离我们远了吗？

首先说，我们看到的“秋、冬季太阳向南离开我们”并非离我们远了，相反，太阳与地球的距离比夏季还稍微近了一点。因为地球是以椭圆轨道绕太阳公转的，太阳在椭圆的两个焦点中的一个焦点上，冬半年地球在轨道的位置离太阳不是远了而是近了一点，倒是夏半年地球离太阳远了一点。地球与太阳的平均距离为15 000万千米，近日点冬至比远日点夏至近约500万千米。我们看到的“秋、冬季太阳向南离开我们”是因为地球是歪着身子绕太阳转的，地球自转的轴并不与轨道平面垂直，而是有一个夹角，因而造成赤道面与黄道（即轨道）面在全年有±23.5°左右的变化。在地球上就表现为太阳在南北回归线间逐渐变动，夏季太阳直射北回归线，冬季太阳直射南回归线。

因为夏季太阳的高度角高，冬季太阳的高度角低，单位面积的地面上得到的太阳辐射热冬天就比夏天少很多。简单地说，就是地表面得到的太阳辐射热与太阳高度角的正弦函数成正相关。北京市的纬度是北纬 40°；太阳的高度角，春分、秋分大约是 50°，夏至是 63.5°，冬至只有 16.5°左右。若以赤道附近（太阳直射处）得到的太阳辐射热为 1，则北京的春分和秋分大约为 0.766，夏至大约为 0.958，而冬至则只有约 0.446。冬季的中午比夏季的中午少得到一半多的热量。不仅如此，而且日照时间冬季也比夏季短很多。以北京市为例，夏至日的日照时间可达 15 小时，而冬至日的日照时间最长只有 9 小时 19 分钟，相差将近 6 个小时，冬季从太阳那里得到的热量当然又要少许多。

正是由于太阳高度角和日照时间的影响，把二者的影响结果加起来，冬季怎能不冷呢？

上面说的是基本背景情况，实际上冷暖的变化更与地球上不同纬度带、不同下垫面所产生的冷热差异而导致冷暖空气的交换有直接关系。这种冷暖交换，从大的情况来说，就是大气环流在高空和地面上的锋区夏季向北、冬季向南的进退的变化，致使冬季冷空气活动偏南，北方常被冷气团控制。从更小的情况来说，就是在大气环流的推动下，随着气压槽脊的移动可有冷暖空气的交换，表现为几天的回暖和冷空气下来又造成降温。

三、太阳偏爱北半球

世界上哪里最热？如果说的是极端最高气温，那就是北纬 22°以北的非洲利比亚的阿德姆，1922 年 9 月 13 日测到最高气温达 58℃。这一天利比亚的阿齐济耶也达到了 57.8℃。而地球最热的地区是北纬 25°左右的撒哈拉西部，7 月份平均气温在 35℃以上。

如果说的是哪里气温长时间很高，比如说全年温度都很高，这要数非洲埃塞俄比亚的达鲁地区，那里 1960—1966 年的年平均气温最高达 34.4℃。

如果说有人居住的最热的地方，那就是吉布提。吉布提的年平均气温达30℃。

其实，整个北半球的夏季都比南半球的夏季气温高，北半球冬季的气温也比南半球冬季的气温高，北半球的平均气温也比南半球高。全球最热（平均气温）的地带不是在赤道，而是冬半年在北纬0°～7°，夏半年在北纬20°左右；全年温度最高的地带也不是在赤道，而是在北半球、即北纬5°～15°，所以这里被称为地球的热赤道。全球最冷的地带不是在北极而是在南极。北极附近最冷的雅库茨克冬季平均气温为－60℃，最低温度有过－73℃的记录；而南极附近1967年最低气温低达－94.5℃，在1983年7月21日南极的东方站也曾测得－89.2℃的低温记录。

有人说北半球温度高于南半球是因为北半球陆地多于南半球，陆地升温快。这种说法是不准确的。因为，虽然岩石比海水的比热小、升温快，但是降温也快。就应当是北半球的夏季温度比南半球的夏季温度高，冬季温度比南半球冬季温度低才对；而对全年平均温度则没有明显影响，更不会使热赤道与赤道不一致而北移5°～15°。

那么是什么原因使地球最热的地带不在赤道而在北半球北纬5°～15°，最冷的地带不在北极而在南极呢？

我们知道，地球是以椭圆轨道绕太阳公转的，地球围着太阳公转的同时又自转，而且是歪着身子在公转轨道上转，地球赤道平面与公转轨道平面成23.5°的交角。当地球转到远日一方的轨道时，太阳光直射北半球0°～23.5°，是北半球的夏半年、南半球的冬半年；当地球转到近日一方的轨道时，太阳光直射南半球0°～23.5°，是南半球的夏半年、北半球的冬半年。因为北半球的夏半年是从太阳直射赤道的春分点经过远日一方长轨道到太阳直射赤道的秋分点，走过的路程长于从秋分点经过近日一方的短轨道到春分点（北半球的冬半年、南半球的夏半年）的路程，所以，北半球的夏半年为186～187天，南半球的夏半年为178～179天，北半球的夏半年比南半球的夏半年长 8 天；南半球的冬半年为 186～187 天，北半球的冬半年为 178～179 天，南半球的冬半年比北半球的冬半年长 8 天。人们可能还没注意到，我国的“二十四节气”中，冬至前后节气间的间隔时间是 14 天多，而夏至前后节气间的间隔时间为 16 天多。

这就是说，太阳每年都多直射北半球 0°～23.5°约 8 天，而且北半球比南半球长的夏半年又都是白天长、夜间短，从而使全年的平均辐射重心偏离赤道而北移至北半球 5°～15°。由于太阳每年都少直射南半球约 8 天，南半球冬半年比北半球冬半年寒冷的时间长约 8 天，46 亿年积累起来，太阳少给南半球的辐射能是非常之多的，因此南极比北极冷得多，南极的冰是全球最厚的。

第二节 光质与农业

太阳辐射能中只有不足 50%是“光合有效辐射”可被用于光合作用。而且不同波长的光的光合效率不同，如红色光为 30%，其他可见光为 20%。大气状态、云的反射、水汽含量等对不同波长光的吸收率不同，所以实际的天气条件(大气的不同状态)不仅使透光量不同，而且光质也会不同，所以对光合效率的作用不同。而不同的光质对不同作物的作用是不同的。

阳光的主要光谱的可见光对每种作物都有益，叶绿素进行光合作用一般主要利用红黄色光和蓝紫色光，而把绿色光反射出来。但是各种作物最喜欢的光谱并不完全相同。例如小麦更喜欢蓝色、紫色光线，这可使它发育快，蛋白质含量高；甜菜、甘薯等喜欢红色光，这有利于含糖量增加；胡萝卜喜欢红色和黄色混合光，可使它生长得快；茄子喜欢紫色光，可使果实结得又多又大。

在农业实践中用有色薄膜处理，可使作物产生很好的效果。例如用允许红色光透过的红色薄膜栽培的番茄可增产 2～3 倍；用允许黄色光透过的黄色薄膜栽培芹菜，叶大茎粗；用允许紫色光透过的紫色薄膜栽培的茄子增产也很显著；在允许橙黄色光透过的橙黄色薄膜覆盖下栽培的马铃薯，块茎形成得快而且大；在橙色薄膜覆盖下培育的水稻，秧苗生长旺盛；在黄瓜苗期用黑色薄膜覆盖几天，就可以促进黄瓜现蕾开花；在银色薄膜下栽培的菠菜，4 天植株就可高达 5～7 厘米，而在自然条件下栽培的菠菜 4 天才刚刚发芽。

光质明显地影响农产品的质量。大家知道云雾茶质量优秀，这是因为多云雾的地方散射光多，有利于酯类芳香族物质的积累。

为了农业增产和保证产品优质（因为光质可以影响有机物的成分，蓝紫色光的光子微粒比较大，其光合作用产物易于向酯类转化；红色光的光子微粒比较小，其光合作用产物易于向糖类转化），就要针对每一影响光能利用的因素采取对策。

随着科学技术的不断进步、对农业的投入加大和消费者对农产品质量和数量要求的提高，生产者会更重视对不同光谱光的利用，农用彩色薄膜的研制和运用，可使将来的农业，特别是园艺和苗圃成为“五彩缤纷的农业”。

第三节　充分利用光能

一、复种、间作、套作

正如前文所述的限制光能利用率的种种原因，加之受当前生产力和科技水平所限，目前实际上我国农业对太阳光能的利用率一般仅为 2%～3%。

农业要充分利用光能，就要加大作物的用光面积（叶面积系数），包括保持合理叶面积系数、提高综合生产力水平、依气象科学和气象信息务农等。在生产实践中要努力做好以下几点：一是空间的合理密植；二是使农作物长时间有较大的用光面积，如进行间作、套作和提高复种指数，即时间上的合理密植；三是要提高作物品种的光能利用率。

单位面积上作物的密度也不可过密，否则田间太郁闭了，通风透光不好。要使叶面积系数保持在3～5，即叶面积是土地面积的3～5倍，则对光的利用最为充分。

要使农作物长时间有较大的用光面积，就要进行间作、套作和提高复种指数，即在一个生长季节（年内）多种几次，变一熟为多熟。其间的农耗是个大问题，要注意提高效率，快收快种，减少农耗。

套作是在前一作物成熟前把第二种作物播下去（或栽下去），这样可减少苗期和成熟期因叶面积不足对光能的浪费，而可持续保持较高的叶面积系数。

充分利用光能，就要提高光能利用率，培育和发展"4碳"系品种。4碳植物就是其光合作用所产生的碳水化合物中含有4个碳原子，而一般植物的光合作用所产生的碳水化合物中含有3个碳原子。4碳植物对光能的利用率高于3碳植物。

二、设计高矮植物结合的新群落

目前我国农业仅利用太阳辐射的3%，太阳辐射的20%以上被反射掉了。要尽量充分利用阳光，使农田作物表面粗糙度和黑度加大以降低反射率。还要把反射光也尽量利用起来。为此笔者设计了高矮植物结合的新植物群落。高的可安排果树或经济林木，矮的安排矮秆农作物（薯类、麦、稻等）。最好是南北向排列。为了充分利用资源，还可在林内种植阴性植物，如图9-1林农复层结构光的反射示意图所示。

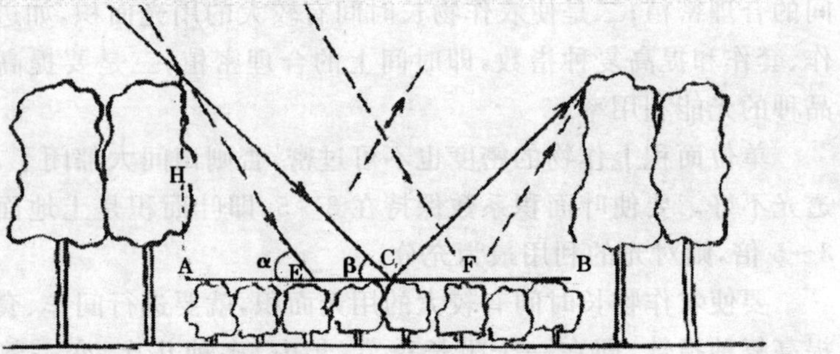

图 9-1　林农复层结构光的反射示意

注:参差植被低处阳光的入射角小于β的反射光线被高林阻挡,阳光的入射角大于β的(如入射角为α)反射光线外逸。反射光的一部分被高作物利用,其外逸部分 EF 是高作物间距 AB 减去 AE 和 FB;AE 和 FB 是高作物与矮作物的高度差 H 乘以余切 Ctgα

光反射率与入射角的关系见图 9-2。

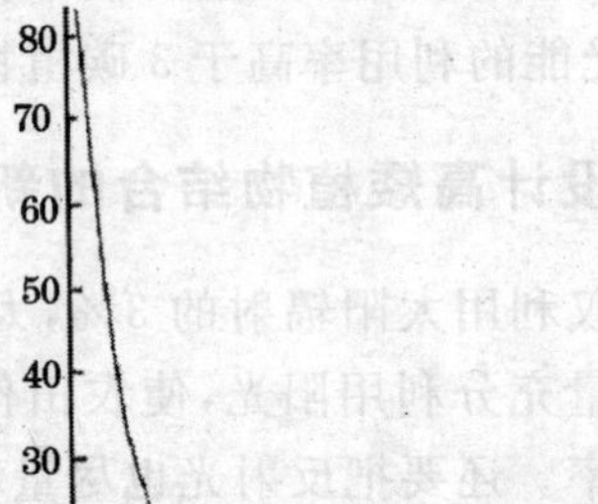

图 9-2　反射率随入射角的变化(平均反射率为 10%)

图 9-2 是光反射率与入射角的关系图，其平均反射率为 10%。可以看出入射角≥30°则反射率明显低于全天平均值，入射角≥45°则反射率只有全天平均值的 3/10 左右（表 9-1）。

表 9-1　光反射率与入射角的关系对应值

入射角 α 为	20°	30°	45°	60°	75°	90°
反射率比率	14.0/10	4.5/10	3.6/10	2.2/10	2.0/10	

若该植物群落林冠（高作物）占 40%，入射角 β 取为 45°，即高作物间距 AB 可算出是 2 倍的高作物与矮作物的高度差就是 2H；若矮农作物的平均反射率取为 19%，代入公式（公式略）可求出矮农作物反射外逸为 1.37%。这是因为入射角小于 β 的反射已被阻挡，而入射角大于 β，其反射率已经很小，而且面积也只占高作物间距 AB 减掉变动中的 2Ctgα，其中 α 大于 45°。故而：森林的反射率为 15%，林冠若占 40%则其反射率为 6%。该群落的总反射率为 6%+1.37%=7.37%。

我们还可以算出：

入射角 β 取为 40°，高作物间距 AB 为 2.38H，总反射率为 7.58%；

入射角 β 取为 60°，高作物间距 AB 为 1.15H，总反射率为 6.18%。

可见，此高矮植物群落的总反射率只有平作林反射率的不到 1/2，只相当于平作矮农作物反射率的 40%。

当然高作物间距也不可太小，可据农作物对日照的要求来选择是用 2H 还是用 2.4H 等。

三、光的新技术应用

（一）光导纤维的利用　可把阳光用光导纤维导入室内，甚至导至枝叶浓密处和植株的下部叶面，从而可以大幅度提高产量，并且实现工厂化生产。日本筑波科学城曾以光导纤维培育了株产万果的番茄。随着科技进步和社会进步,工厂化农业也不是不可能的。将来更进一步利用光能发展农业还可有些新途径:①可以利用非直接阳光和其他弱光等,例如有的作物可利用月光进行光合作用。②还有可利用灯光的弱光植物等待开发。③夜间有些带电的低云可使一些植物进行一定的光合作用,也可以设法加以利用。④闪烁光照比同样强度的稳定光照的作用还要好,这也是风对叶片摇动所产生的对于农业的积极意义之一。

(二)激光的利用 由于激光的能量比较集中,所以对农作物有一定刺激作用,我们可以用剂量适当的激光照射作物,能刺激作物的生长发育,获得高产。例如用二氧化碳激光器照射豆角的植株,可使豆角增产49%左右;用剂量适当的激光照射甘蔗苗株,能抑制甘蔗的开花进程,延长蔗株生长期,从而提高甘蔗的产量和含糖量。

(三)建太阳能岛 在沙漠和海上建太阳能岛,铺设大量太阳能电池板,把获取的能量用于农业及其他方面。

第四节 阳光对植物颜色的影响

一、绿色的叶

绿色植物是绿的。叶是绿的,还有秆是绿的,人们司空见惯。可是为什么是绿的呢?

是因为植物体内特别是叶片内有大量叶绿素。在叶片内叶绿素约占80%,其余的还有胡萝卜素、叶黄素、花青素等以及糖、淀粉、纤维素、蛋白质、脂肪等。因为叶片内叶绿素占绝对优势,所以叶呈绿色。

阳光是叶绿素形成的必要条件,所以长时间不见阳光的植物就会出现黄化现象。但是叶绿素的稳定性稍差,易被强阳光、酸、碱破坏,所以,长时间在强阳光下的植物,叶片并不特别绿。而且在有光的情况下,叶绿素的多少还与光合作用的需要有一定关系。不同波长的光其光合作用的效率是不同的,其中以红色光量子的效率最高,短波的蓝紫色光效率较低。太阳光不能直接照射的地方主要是散射光,散射光的成分主要是短波光,所含高效的红色光很少,叶片要完成生命所需一定量的光合作用就要有更多的叶绿素捕获光量子,所以太阳光不能直射地方的叶片叶绿素更多、叶片更绿。

另外,阴性植物比阳性植物的叶绿素更多、颜色也更绿。

二、秋叶红于花,高原花更艳

(一)秋叶红于二月花 每当深秋时节,许多地方漫山红叶,犹如晚霞,蔚为壮观。有人可能又会问,绿叶怎么变成了红叶呢?前面在"霜冻"部分已谈到"霜重色愈浓"是因温度降低造成叶绿素破坏、老化而大量减少,花青素增多,体液呈酸性;花青素在酸性体液中表现为红色。其实,还有光的因素。深秋时节、雨季之后,空气比较洁净,光照好,有利于叶片的糖分积累。因为花青素是一种配糖体,糖多当然就有利于花青素增多,而且糖多就有利于体液成为酸性,所以深秋时节光照好,有利于叶片表现为红色。

北京市的香山更以黄栌为多,叶圆而较肥厚,含碳水化合物较多;枫树叶片也有较多的花青素,霜后更易变红。北京市的深秋,天高云淡,光照很好,当然有利于秋叶变红,自然就"秋叶红于二月花"了。

此时节漫山红叶,甚是壮美。加之菊花盛开,大雁南飞(北京平均日期 10 月 16 日),蟋蟀终鸣(北京平均日期 10 月 18 日,最晚 10 月 29 日)。红叶黄花相映,雁翔虫鸣相加,更有金风徐徐,秋高气爽,果丰月圆,实在令人陶醉。

(二)高原花更艳 人们知道云贵高原特别是滇西的"风、花、雪、月"非常之美。何以高原的花更红？光照使然。①光照可使受侵害(抑制)的色素酶得到恢复，所以光照好的地方花的色彩更鲜艳。②光照好，糖分积累也多，有利于糖分积累，当然就有利于花青素增多和体液为酸性，所以花更红。③光照好、云少则散射光少，红色光也相对多。这都是高原的花更红、更艳，北方秋季叶红色艳的原因。

三、云对阳光的影响

新近发现，云吸收的能量是以前所认为的4倍。1995年新的观测结果指出，以前人们对云与太阳光之间相互作用的认识是非常不够的。新的数据表明，云吸收的能量是人们以前所认为的4倍。这一事实将促使我们在研究气候时必须充分考虑云的作用，而且对预报全球变暖的手段必须进行彻底修改。

英国气象局哈德莱中心的云与气候小组负责人托尼·斯林格博士解释，新的观测数据与以前的结果出入非常大，"这是目前气候模式设计人员面临的大问题。"

云具有2个基本特征：首先，它能散射和反射太阳光。云可将到达地球的全部太阳光的大约1/5反射回太空去。反射本质上产生冷却影响。其次，它强烈吸收来自地面的辐射并重新放射，这有明显的增暖影响。这2种影响的最终结果因云的种类而不同。所以，云在控制气候中扮演着非常重要的角色。

新的观测，包括卫星和地面观测及在云的上、下同时进行的飞机观测表明，云对太阳光的吸收是以前认为的4倍，这将改变我们对大气运动规律的认识。由于到达地面的能量少于过去所认为的数值，更多的能量转储在大气层高处，所以到达地面的辐射对对流和降水的影响也会比过去所认为的作用小。多云地区和少云地区因辐射而对对流和降水的影响会相差很大，也就是少云地区的作用更大，多云地区的作用更小。

云的影响在热带地区最显著，而热带作为地球上天气现象的动力源，所以云影响着许多全球性天气的发生和发展。

第十章 大气和气象乃农业之必须

第一节 气象是农业的资源和环境

一、气象是农业的资源

大量实践告诉人们，以气象指导各项农事，可生一本万利之效。气象条件既是农业的资源（光、水、热、气等），又是农业的环境；既是产量形成的重要因素，又是防灾减灾的前提和决策的依据。气象对于总体规划和许多重大事件往往具有先导和基础的作用。

在我国国土面积中，山地占 33%、高原占 26%、盆地占 19%、平原占 12%、丘陵占 10%。山地、高原、丘陵及盆地中的丘陵合计为 70%以上。在这么多的山、丘中可以寻找到很多极有利的小气候和地方气候地区。所以因地制宜选择利用小气候和地方气候是充分利用气候和农业气候资源、一本万利地发展农业当选之举。

各地气象部门还充分利用当地农业气候资源的特点和优势为开发当地的名特优产品以及引进新品种做了许多卓有成效的工作。20 世纪末全国有 2 000 多个县完成了县级农业气候区划和农业气候调查。

对气象与农业有机结合的研究，以至在 1913 年就出现了一门专业气象学——农业气象学。农业气象学通过对气象要素及农作物（及家畜）生长状况的平行观测，资料分析加工，对作物气象、畜牧气象、农气情报、农气预报(如产量预报、重要发育期预报、土壤水分预报等)、农业气候分析和区划、调节农田小气候、农业气象适用技术等各方面的研究和应用,使气象更深刻具体有效地在农业生产中发挥着不可代替的作用。

气象与农业的关系密切,气象对农业贡献很多,概括起来有以下几个方面:①气象灾害对农业影响最大,气象服务防灾减灾效益最大。②依气象条件趋利可使农业增产。③气候分析和区划是农业规划、决策的先导和依据。④气象科学使农事活动事半功倍。⑤农业各基本要素个个与气象有关。⑥气象是高产优质高效农业的科学依据。⑦气象可服务于农业综合开发,包括市场农业。⑧农气适用技术和气象科技扶贫效果好。⑨人工影响局部天气,实施防雹和增雨、增雪为农业减灾和增产服务。

太阳能是可再生的能源,不仅是利用气候和农业气候发展农业的能源,而且是农业和所有产业可以利用的能源。太阳能的利用不止于农作物的光合作用,还可用太阳能发电用于农村的多项农事活动。

风也是一种农用资源,风压大小与风速的平方成正比。风速大时,风压猛增;风速小时,风压骤减。如风速为 20 米/秒时,每平方米所受的风压为 25 千克;风速为 10 米/秒时,每平方米所受的风压为 6.25 千克;当风速为 5 米/秒时,风压只有 1.6 千克左右。可见,风速越大,作用在设备上的风的推力也越大。古代就有利用风力进行灌溉的风力水车。目前我国提倡在风力资源比较丰富的地方进行风力发电,如内蒙古自治区风力发电已用于畜牧业。随着科学技术的发展,风能将更广泛的用于农业。

中央领导同志指出:我国农业目前尚属“气候型农业”,农业是最重要的基础产业,又是社会效益高而自身效益较低的弱势产业。要保护农业,“一是自然,二是市场”。中央领导同志所说的“自然”就是要充分利用光、热、降水等自然资源,防御以气象灾害为主的农业自然灾害。

二、人类和农业须臾不可离开大气

空气是大气的主体，是大气的最主要部分。空气是无色、无嗅、无味的混合气体，它看不见、摸不着，却有着惊人的重量。地球空气的总质量达 5 300 万亿吨，相当于地球上所有水总质量的 1/300。大气是生命的保障，是人类生存的第一需要，人可以几天不吃饭、不喝水，但是不可以 5 分钟不呼吸。农作物不可没有空气：①大气是生物呼吸、光合作用及其他生理活动不可缺少的。②大气是地球生命的“保护伞”，它阻挡了对地球生命有害的紫外线、X 射线和宇宙线，还过滤了大量来自星际空间的流星对地面的袭击。③大气是地球热量的“调节器”，它好像一床无形的被子，覆盖在地球表面，对太阳辐射有缓冲作用，不使热量大量散失，从而保障了生物所需要的温度环境。农业须臾不可离开空气，后面将谈到大气对生命的几个保护层，提供温暖之巢。④大气还是一架无形的“运输机”，它通过本身的运动以及与海面的物质交换，把热量、动量和水汽运送到高纬度地区和内陆地区。大气中还蕴藏着多种气候资源和宝贵的风力资源，仅风力发电一项就可为我们节约数亿万吨的煤和石油。

三、大气的主要成分

大气中的主要气体都是农业所需要的，如组成各种农产品中的蛋白质、脂肪、碳水化合物等的元素大都是直接或间接地来自大气。

大气的主要成分包括含量基本不变的和含量变化的 2 类气体，其中有些气体对农业至关重要。

（一）大气中含量基本不变的气体　主要有氮、氧、氩、氖、氦、甲烷、氪、氢、氙等。其中，氮气占空气总体积的 78.084%，氧气占空气总体积的 20.9476%，氩气占空气总体积的 0.934%，氖气占空气总体积的 0.001818%，氦气占空气总体积的 0.000524%，甲烷占空气总体积的 0.0002%，氪气占空气总体积的 0.000114%，氢气占空气总体积的 0.00005%，氙气占空气总体积的 0.0000087%。这部分气体总量占空气总体积的 99.9684%。

（二）大气中含量变化的气体　在大气中有大约 0.03%是含量变化的气体。主要有：碳、氮、硫等的氧化物及臭氧等。其中，二氧化碳气平均占空气总体积的 0.033%，在近地面层空气中占空气总体积的 0.01%～0.17%；二氧化硫气占空气总体积的0～0.0001%；一氧化二氮占空气总体积的 0～0.00003%；二氧化氮占空气总体积的 0～0.00002%；一氧化碳占空气总体积的 0～0.00001%；臭氧的含量更少，夏半年占空气总体积的 0～0.000007%，冬半年占空气总体积的 0～0.000002%，而且空间分布极不均匀。

另外，大气中水汽的含量也是变化的，随时间、地点的不同变化很大。沙漠和极地上空水汽很少，而热带海洋上空水汽含量多达空气总体积的 4%。大气中的水汽相当于全球 25 毫米左右的液体水分。大气微粒也是变化的，它们是悬浮在大气中的非气态的颗粒物，这些颗粒物包括冰晶、小水滴、尘埃、花粉、孢子、细菌和盐粒等。

（三）大气中对农业至关重要的气体

1. 氧气　氧气是生物生命活动呼吸作用必须的，没有氧气则生物的呼吸就不能进行。

2. 二氧化碳气　二氧化碳是植物重要生命活动光合作用的参加者，植物的叶绿素利用阳光把二氧化碳和水转化为碳水化合物并生成氧气，释放于大气中。这个过程就是极其重要的著名的“光合作用”。所以二氧化碳可以作为肥料在较冷的地区和季节在塑料大棚、地膜等中施用，可以使农业增产。

3. 氮气　是空气中的主要气体，也是农作物所需氮元素（氮肥）的原料。

4. 甲烷　甲烷来源主要是稻田等，俗称沼气。如果像沼气池那样把沼气集中起来作燃料使用，既减少一些温室气体又增加能源，岂不一举两得？

5. 水汽　大气中的水可阻拦60%的长波辐射，如果大气中的水分减少一半，地球温度就下降5℃～6℃。另外，大气中的水是大气能量交换的重要介质，而且还可以调节气候。干空气分子平均重28.9，而水汽分子重18。所以湿空气比干空气轻，而且湿空气含的水汽越多越轻。

6. 臭氧　它的阻挡紫外线的能力不容置疑，它使农作物等免受大量紫外线造成的伤害。臭氧等可以吸收来自太空的大量有害辐射。臭氧在大气中的含量，夏季不超过0.00000007，冬季不超过0.00000002；大气中臭氧总累积厚度只有0.15～0.45厘米，主要在地上10～50千米范围内，尤其是地上20～30千米范围内臭氧浓度最大。虽然臭氧在大气中的含量极少，但它可吸收大量紫外辐射，使地球生物免受过量紫外线的危害。

第二节　大气演化与农业

一、大气的演化

在地球形成的过程中，受地球引力的作用，把原始太阳系星云的一部分气体吸引到地球周围，成为一层原始的大气圈。这个原始的大气圈与现代大气不同。原始大气中没有氧，没有氮，也没有二氧化碳；只有氢、氦、氖、氪、氩、甲烷和水汽等。原始大气的量很大，单是氢一项就相当于现在构成固体地球的镁、硅、铁、氧这4个基本元素的总量的400倍之多。

地球表面的原始大气，受到来自太阳的粒子流——太阳风的猛烈冲击。那时的原始太阳风非常强烈，地球上的原始大气大约经过几千万年就被太阳风扫除了。

在原始大气被原始太阳风扫除后，地球表面一度没有大气。不久，地球内部的挥发性物质向地表泄漏出来，这些物质主要是水汽、二氧化碳、甲烷、一氧化碳、氮、氨、硫化氢。这时的太阳风没有原来那么强烈了；而且地球由于地核铁心的形成，地球磁场也逐渐形成，磁场有抵抗太阳风的作用。所以这些新生成的物质再未被太阳风扫除，在地球引力的作用下没能逃逸到星际空间去而被保存了下来，这就是地球的次生大气。

造气过程包括下列 6 个方面：①火山活动以及熔岩凝固释放出气体。②水汽在光的作用下离解产生氧和氢。③绿色植物出现后，光合作用产生氧气。④放射性元素铀和钍衰变产生氦。⑤放射性元素钾 40 衰变产生氩。⑥太阳风中由质子和电子高温电离气体，有极小一部分冲破地球磁场进入大气上层。

耗气过程包括以下 5 个方面：①高层大气的氢和氦挣脱地球引力跑到宇宙空间。②一部分吸收了二氧化碳的生物体被埋于地下，后来成为煤、石油等。③碳酸盐（如碳酸钙、碳酸镁等）生成时吸收二氧化碳。④氢、铁、硫等大量元素被氧化时都要消耗氧气。⑤生物的呼吸作用和有机物腐烂消耗氧气。

二、大气中的氧、氮和臭氧的生成

（一）大气中氧的来源

1. 地球绿色植物出现前　地球上在绿色植物（包括低等微生物）出现前，氧来源于以下 3 个方面。

第一，主要是火山活动以及熔岩凝固释放出的气体中有相当一部分是氧。据《新闻出版报》报道，前苏联教授普·甫加陀夫经过数十年的研究后于 1992 年提出海底表层裂缝不断流出玄武岩岩浆，同时释放出的氧气可上升至地球的大气层中。来自地核的氧气最重（密度最大），大气层中的氧气次之，植物释放出来的氧气最轻（密度最小）。如果用1份植物释放出来的氧气和2份地核释放出来的氧气相结合，正好是大气层中氧气的重量（密度）。这说明，大气层中氧气的2/3来自地核，植物提供的氧气其实占1/3。

第二，高层大气中的水汽在太阳光（主要是紫外线）的作用下，被离解为氢和氧。因为这些氢和氧是在高层大气中产生的；又由于氢的重量轻，加上温度高、分子运动快，因而大都逃到外层空间去了。产生的氧气在太阳紫外线的进一步照射下，大部分变成奇氧，以原子氧和臭氧的形式留在高层大气中，有一小部分分子氧（氧气）沉降到地面。

第三，水汽和太阳（太阳的紫外辐射）是氧气的制造者。

2. 地球生物出现后 在地球生物出现以后，生物则是地球上氧气的重要制造者。原始绿色植物以及以后的绿色植物都利用阳光把二氧化碳和水转化为碳水化合物并生成氧气，释放于大气中。这个过程就是极其重要的著名的"光合作用"。

由于植物光合作用产生的氧气多于植物呼吸作用所消耗的氧气，所以大气中氧气不断增加。随着绿色植物的大量繁殖，大气中的氧气急剧增加，到距今4亿年前，大气中的氧气甚至比现在的氧气多出10倍。后来由于植物腐烂等化学变化耗掉了许多氧气，大气中的氧气明显减少；植物的发展又使氧气再度增加，在距今2亿年前，大气中的氧气大致达到目前的水平，后来又稍有下降。到距今6 500万年前，大气中氧气的生产和消耗基本上达到动态平衡，并且一直稳定地维持到今天。

氧气的"消耗"，实际上是氧与其他元素化合成其他气体、固体和液体等物质。例如，氧与碳、一氧化碳气作用生成二氧化碳气，与甲烷作用生成二氧化碳气和水，与氨气作用生成水和氮气，与硫作用形成二氧化硫气体……当然还有不少氧气与许多元素氧化而形成的固体和液体的氧化物。所以，氧气的“消耗”又使大气中的二氧化碳气、水汽、氮气增加，使氨气、一氧化碳等减少。二氧化碳又被用于光合作用生成氧；水汽一部分变成液态水，进入大气和地面水的循环。

（二）大气中氮的生成与氧有关　大气中的氨逐渐都被氧变为水和氮气。另外，动植物排泄物和遗体腐烂物，其中的蛋白质一部分分解为氮；另一些成为氨和硝酸盐，氨和硝酸盐一部分也在细菌和氧的作用下生成氮气。因为氮在常温下不易与其他元素化合，所以在大气中不断积累，而成为含量丰富的气体。在氮气积累到一定含量后，因为也有少量氮被氧化为氮的氧化物，有一部分变为可被植物吸收的含氮物质，所以使氮的生产和消耗达到平衡。最终造就了氮占78%、氧占21%左右的以氮和氧为主的现代大气。

可见，氧的出现和演化，改变了整个大气的组成。因此说，氧的出现和演化便成为现代大气形成的关键。

（三）大气中臭氧的生成及特性　臭氧的生成是由高层大气氧分子在强烈的紫外辐射的作用下分解为2个氧原子，而后这些氧原子又与氧分子碰撞，在第三种分子的参与下结合成臭氧。这第三种分子在反应中仅作为媒介（触酶），本身并无变化。

臭氧的另一方面的来源是发生在低层大气中的一些物理化学过程，例如火山爆发、雷电、森林火灾以及人类的某些活动都会产生极少量臭氧。

臭氧劫获紫外线。太阳辐射中小于0.4微米的紫外线大约占辐射能的9%，但是若到达地球表面则对人和生物会造成很大伤害。臭氧在大气的10～50千米高空巡逻。虽然它只占空气总量的不足百万分之一，大气中臭氧总累积厚度只有1.5～4.5毫米，但是它能力强、办事认真，尤其对波长小于0.4微米的紫外线特别感兴趣，它连吃带存，劫获大量短波紫外线，把太阳紫外辐射的99%吸收掉，使到达地面的紫外线仅剩1%左右。

我们知道少量的紫外线对人和大多数生物是有益的。太阳的紫外辐射被臭氧大量吸收后，则可变害为益了。这当然是臭氧的功劳。

在一年中臭氧秋季最少，春季最多；在一天中夜间臭氧含量多于白天。

三、大气中二氧化碳的演化

(一)二氧化碳的产生 5 000 万年以来，印度板块慢慢地向亚洲板块靠拢，两板块冲撞的结果形成了世界上最高的山脉。美国专家说，板块冲撞迫使成千上万吨的二氧化碳上升到大气层中，如果是这样的话，那么为什么 5 200 万～3 800 万年前这段时期地球越来越暖就可得到解释了。化石遗迹表明那是一个变暖期，鳄类和热带植物在南北半球较高纬度都能存活。专家们认为，喜马拉雅山的碎石曾经含有大量二氧化碳，这种冲撞就像在烧、煮岩石，迫使岩石中的二氧化碳释放到大气中；二氧化碳还来源于火山活动和岩石风化。二氧化碳一部分溶解于海洋，一部分缓慢地变成碳酸盐而沉积。

在生物出现后，大量二氧化碳被用于光合作用，其产物的一部分遗体被埋于地下，大部分腐烂放出二氧化碳。生物的呼吸也放出二氧化碳。资料表明：光合作用每年利用的二氧化碳大约为 830 多亿吨，生物的呼吸和有机物腐烂又向大气放出 830 亿吨二氧化碳；每年火山和岩石风化放出大约 3.4 亿吨二氧化碳，碳酸盐沉积掉 0.6 亿吨二氧化碳，海洋溶解了 2.8 亿吨二氧化碳。但是由于人类对化石燃料的燃烧和水泥制造每年要放出大约 49 亿吨二氧化碳，海洋可以溶解 25 亿吨二氧化碳。这样，近年来每年就要有大约 25 亿吨二氧化碳不能被及时平衡而积累于大气中。尽管人类还可以采取措施进一步发挥森林和海洋的作用来减少二氧化碳，但仍需时日。森林可以通过光合作用吸收二氧化碳；海洋可吸收溶解二氧化碳成为碳酸，现代海洋二氧化碳含量是大气的 60 倍。

温泉和冻土融化增加二氧化碳。据美联社旧金山 1994 年 12 月 10 日电，科学家们还认为，地下温泉有可能加强全球温室效应。科学家们研究了包括新西兰、美国加州南部和墨西哥北部的索尔顿洼地、加州北部克利沃湖附近的温泉疗养地吉瑟斯等地区温泉中的二氧化碳含量后认为，"这三个地方，平均每平方千米释放出同等数量的二氧化碳，如果全球都是这个数量的话，就证实温泉是影响大气中二氧化碳含量的又一个重要因素。"

冻土融化将排放出大量二氧化碳。1995 年美国圣地亚哥大学的专家们经过 9 年的观测调查，认为北极圈冻原地带的冻土融化会向大气中排放大量的二氧化碳。冻土内含有包括含碳的有机物，全球变暖、冻土融化，冻土中的水分蒸发，其内含的有机物和大气中的氧相互接触，从而排放出二氧化碳。据专家们推测，整个南极圈排放的二氧化碳量与日本工厂和家庭的排放量基本相等。另据美国政府部门观测，美国政府部门也认为地球变暖加速了冻土融化和排放二氧化碳。

（二）二氧化碳的循环　大气中的二氧化碳含量平均为气体总量的 0.00033。近地面层较多，一般变动于 0.0001～0.0017 之间。在 11～20 千米以下高度的大气内二氧化碳分布是比较均匀的，相对含量基本不变。地球上二氧化碳的生消、循环过程是非常复杂的。在 19 世纪以前，基本上保持着生消的动态平衡。

（三）大气温室的重要构筑者　大气是地球温度的调节器，是地球的大温室。大气中的二氧化碳则是这个温室的重要构筑者，这是它的特性决定的。

二氧化碳是无色、无嗅、无味的气体。虽然大气中的二氧化碳含量仅占 0.03%，但是作用很大。它如同单向的过滤网，太阳的可见光波长的辐射可以穿透它，使陆地、海洋被加热；而地球表面发出的长波辐射，特别是 13～17 微米的红外辐射大部被它吸收，致使从地球表面往外辐射的热量不易散失到太空去，不使地表温度降得太低，起了温室作用。如果没有二氧化碳，地球的平均气温将不是现在的 15℃，而是－25℃；如果二氧化碳减少 1/2 或者增加 1/2，则地球的平均气温会下降或者上升 2.3℃。二氧化碳的变化可导致气候变化，就是说二氧化碳少了、多了都不好。

大气温室的构筑者除二氧化碳外还有不少，如甲烷、氧化氮、水汽等都有温室作用。

（四）光合作用的原料 光合作用是一种伟大的生命活动，因为它是把无机物变成有机物的过程。光合作用是绿色植物（叶绿素）利用太阳光把二氧化碳和水转化为碳水化合物并放出氧气。部分碳水化合物在植物体内又进一步转化成蛋白质和脂肪等。所以，也可以说二氧化碳是制造有机物原料。这些植物及其体内的有机物又是一系列生物链的第一环节，意义重大。

四、大气中的水

水汽是大气的重要成分。大气中的水可阻拦 60％的长波辐射，如果大气中的水分减少 1/2，地球气温就下降 5℃～6℃；大气中有水汽所以才有云雨；大气中的水还具有生命“保护伞”作用、热量“调节器”作用、能量和水分等“运输机”作用。

大气是空中水库，水汽集中在对流层中，主要在距地面 3 千米高的范围内。近地面层水汽较多，在 1～2 千米的高空仅为地面的 1/2，到 5 千米高空就只剩地面的 1/10 了。

水循环次数是内陆降水量的因素之一。通过蒸发和植物蒸腾每年有 57.7 万立方千米的水进入大气。大气中水的平均含量，全球全年平均大约为 25.3 毫米，平均每年更替 44 次。有资料显示，我国北方大气中水的平均含量全年平均大约为 18 毫米，南方大气中水的平均含量全年平均大约为 80 毫米。如果东南部地区降水

1 000 毫米，要循环 13 次；而西北地区若降水 400 毫米，则要循环 23 次或更多一些。就是说内陆水循环次数更多。

五、水汽是大气舞台的“特级演员”

在大气这个巨大舞台上，上演着变化莫测的万千气象节目。多姿的云、雨、雪、冰雹、雾、露、霜，各种大气光现象，这多种角色都是水汽这个特级演员扮演的，甚至雷电等也与水汽有关。

云的仪态万千，变化不定。这是因为云是由水汽凝结成的大量细小水滴（或冰晶，或水滴和冰晶）的聚合体，靠上升气流托着而悬于空中。受不同下垫面的热力影响，上升气流在时间和空间的分布不同，导致云随时间、空间变化。云的浓淡又和水汽是否充沛有关。故而云容的变化和云状反映了云的结构、水汽是否充沛及上升气流的强弱等，所以可预示不同天气。

雨、雪、冰雹分别是水汽在空中凝结的液体、固体结晶、固体块状凝结物；雾是在近地层由水汽凝结成的大量细小水滴（或水滴和冰晶）的聚合物；露和霜是地表面或地表物散热降温，使附近空气中的水汽达到饱和，而在其上产生凝结现象。未达 0℃而凝成水滴者为露，达 0℃以下而凝为冰晶者是霜。

因为水汽的相变及潜能的释放所形成的强烈的对流和降水活动是起电的重要条件，所以雷电的发生也和水汽分不开。

至于龙卷风、台风也都是水汽成云致雨使能量大量输送和汇聚而形成的强烈天气。

各种大气光现象，如虹是在太阳对面，由小水滴对射入阳光的 2 次折射 1 次反射而成，人们看到内紫外红的七色彩弧，观测者的视角为 42°。有时在虹外有阳光经 2 次折射 2 次反射而形成的内红外紫的视角为 52°的霓，霓的宽度是虹的 2 倍，颜色比虹淡。

晕是悬浮于大气中的冰晶（卷云和冰雾）对日、月光的 1 次折射和 1 次反射而形成的光象，可成环、弧、柱、点状，包括内红外紫而红色明显些或色彩不明显的22°晕、46°晕，还包括22°近幻日、120°远幻日、32°左右的环天顶弧（断弧）和环地平弧及22°内晕珥，还有反假日、日柱等14种光象。华是日光、月光透过薄云的小水滴或冰晶的缝隙产生衍射而在日或月周围形成的内紫外红的光环等。

六、云雨的准确定义

云雨司空见惯。但是要说云雨的定义，以为简单，若真说起来，却难准确、圆满。

有的科普读物说："地面的水蒸发为水汽，上升到空中遇冷凝结成细小水滴，大量的小水滴浮于空中就是云；小水滴捕获水汽而长大，当空气浮力托不住时便降落到地面成为雨。"

这种说法就不够准确。云悬于空中并不是因为"空气的浮力"，雨也不是因"空气浮力托不住时便降落到地面成为雨"的。大家知道，物体受流体（空气、水等）的浮力等于物体排开同体积流体（空气、水等）的重量。水滴的重量远大于同体积空气的重量，这样小的浮力怎么能浮起小水滴呢？难怪有中学生投书《中国气象报》对有的读物中关于云雨的科普文章提出质疑。

我们不妨从较大范围实际降雨的形成过程来看一看：水从海洋和陆地蒸发为水汽，大量水汽随着空气运动被移运过来，在遇到冷空气或者上升变冷的作用下而凝结成细小水滴或凝华成冰晶。小水滴和冰晶受上升气流（主要是上升气流的托举而不是那一点点"浮力"）的推举作用而被托举于空中成为云。在水汽饱和的空气中小水滴和冰晶捕获水汽而增大，同时水滴也碰并而增大。当水滴增大到上升气流（而不是浮力）托不住它时，或者上升气流减弱，或者变为下沉气流时，水滴便降落到地面而成为雨。

七、风的准确定义

前面许多地方讲到风,风是什么?风是繁忙催生的精灵。初春,由于风的摇动促进了植物体液的流动,促进了土壤小气候的改善;对植物的摇动使植物的下层叶片也可得到光照,而且闪烁光照的光合作用效率更高;风可以传粉、传种;风还可以改善农作物群体的通风透光,从而减少病害。

风有时也是作孽的灾星。狂风可拔树倒屋,使农作物倒伏。风也是旱魃的帮凶,由于风把田地和农作物表面的水分很快带走,而使干旱加剧。

谈到风的定义,有的读物和有的人甚至过去中小学的课本上也说"空气流动就是风"。

必须指出,这种说法是不确切的。

因为空气运动有多种情况,而"风"只是其中的一部分。垂直方向的空气上升称为"上升运动",空气下降称为"下沉运动",空气的这种上升和下沉运动都不是风;没有一定方向的空气流动或者说空气运动方向随时都在变化,却没有水平方向的直线或旋转运动,这种情况称为"乱流运动"或"湍流",也不是风;但是有时尽管空气并未流动,而当你骑车或乘车时也会感到风从迎面吹来,而且你移动的速度越快风就越大。

所以,风的定义应当同时具备以下3点:①空气运动。②空气运动是相对的,是空气与地面或地上物(包括人)之间的相对运动,既包括空气对于人(或物)的运动,也包括人(或物)对于空气的运动。③空气运动是水平方向或有水平分量的运动。

从前初中或小学课本上曾有"空气受热,膨胀上升,别处的空气就来补充,这样的空气流动便成了风"。这是很不完全也不确切的。因为这只是风的一小部分情况。实际上风的直接成因是大气压力差而表现出的一种由高气压指向低气压的力的作用下形成的。包括热成风也不例外，也是直接由气压差的力推动空气流动的。大家都知道，当有高气压或者低气压移来时就会刮风。这是因气压差这个动力原因而产生的风。

风是由单位距离的气压差产生的，又推动天气系统的移动，使天气变化。所以风是一种动力，也是推动天气系统移动的动力。风是具有质量的空气质点的有一定方向的相对运动，所以具有因质量和速度而产生的动量。动量可以传递，所以风可以作用于机械，把动量传给机械使其作功，如风车、风磨等；还可以发电，为生产、生活服务。风力资源是一种既无污染又可再生的宝贵资源，应当大力开发。

第三节　大气与地球生命

大气是生命（包括农业的种养对象）的“摇篮”，又是生命的“保护伞”。亿万年的生命史即亿万年的气候史。如 6 500 万年前，有了炎热的气候和大量的二氧化碳才有高大的蕨类植物和恐龙。

地球大气是生命的物质基础和生命活动的介质。大气中的氮、氧、碳、氢等元素是构成生命的物质；生命的代谢活动、呼吸作用和光合作用是在大气中（有的在水中）进行的，所需要的氧、水、二氧化碳等都是大气的成分。

地球大气给生命以较安全的环境。是磁层的保护，阻挡了太阳风等；是大气中的臭氧等气体吸收大量有害辐射，保护了生命不致在过量的紫外辐射下受到伤害。

地球大气给生命以适宜的温度，在大气中水汽和二氧化碳等的保温作用下才可能使构成生命的蛋白质不致结冻和凝固。

一、大气与生命的起源

没有大气就没有有机物，就没有生命。地球诞生之初，大气中有大量水汽、二氧化碳、氨、氮、硫化氢等气体。10多亿年后，地球表面开始冷却，大气中的水汽凝结成雨降落到地面，成为海洋、河流和湖泊。那时，大气中还没有氧气，还没有出现臭氧，太阳的紫外辐射可以直达地面；另一方面，海洋、河流和湖泊的水中溶解了部分二氧化碳和氨等。水、二氧化碳（含碳）和氨（含氮）同时共同在太阳紫外线作用下发生光化学反应，正是这种反应就出现了以氮、碳和水为原料的蛋白质，才产生了有机物。

蛋白质是生命的基础。有机化合物在海洋中不断积累，又进一步进行复杂的变化，出现了厌氧的单细胞生物。随着氨的减少，水汽被太阳紫外线离解而产生氧的速度加快，开始有氧气供给好气（需氧）微生物进行新陈代谢，于是在30亿年前大量低等生物出现了并得以维持和发展。

二、生命的保护层

（一）磁保护层——第一保护层 磁层规定了地球辐射带的框架，磁层是地球生命得以存在的第一个保护层。磁层不仅抵抗了太阳风和大量宇宙粒子等，大大减轻了对地球生命的危害，而且还是号称生命保护伞的臭氧层的保护层。如果没有磁层的保护，高速的太阳风就会把臭氧层吹走，甚至会逐渐把大气层慢慢吹走。不难想象，如果没有磁层，不仅没有人类、没有生命，就连大气也难以存在。

（二）臭氧保护层——第二保护层 大气中的臭氧相对集中地分布在地球20～30千米高度上，被称为臭氧层。这个臭氧层能截获大量短波紫外辐射，把太阳紫外辐射的99%吸收掉。

少量的紫外线对人和大多数生物是有益的：可以增强生物的抗病力，使植物长得健壮；可以促进人体内维生素D的形成，防止佝偻病。紫外线还有杀菌防病作用。但是，紫外线太多则会使细胞组织受到破坏。据研究表明，大气中的臭氧每减少1%，由于紫外线增强而使皮肤癌发病率上升 4%～6%；若按已减少 3%计算，世界上皮肤癌发病率则上升至 12%～18%，还易引发一些眼病和其他疾病。如果大气中臭氧减少 10%，则 10 米深水内鱼苗 15 天内会全部死亡、浮游生物会全部灭绝、2/3 的植物会受到伤害、花粉会丧失繁殖能力。

现在的地球上，在太阳的紫外辐射被臭氧大量吸收仅剩不足 1%后，则变害为益了。

（三）地球生命的氧保护层 不少人看到过流星的火光在天空划过，或者被烧得变成不很大的陨石坠落地面。流星发光、被烧成陨石，甚至会被烧尽，就是因为大气中氧气的强烈氧化作用。一则是高层（外层）大气千余摄氏度的高温把入侵流星几乎（或已经）烧熔；二则是入侵流星与大气强烈摩擦，温度进一步升高，被氧气强烈氧化而燃烧，或者被烧尽，或者只剩一小块。要知道，几千万年前这类入侵流星可是不在少数。大气层（应当说主要是氧气）成为拦截这许多入侵流星的网，使它们不能较多地直接落到地面对地球生命造成大的破坏，从而对地球生命起到一定保护作用。

三、温暖的生命之巢

大气中的氧和二氧化碳都是生命所必需的。生命的重要特征就是要进行新陈代谢，就要呼吸，吸进氧气、呼出二氧化碳。所以氧气是生物之必需。二氧化碳则是另一重要生命活动——光合作用的原料，没有二氧化碳就不能进行光合作用，就没有有机物，没有蛋白质，也就没有生物本身。

大气为生命提供了适宜的温度条件。地球的平均气温为 15℃，这正是多种生命适宜的温度，也是生命亿万年在地球上生存适应了这一温度。地球大气给生命以适宜的温度，有大气中二氧化碳和水汽等的保温作用和对温度的调节作用，才可能使构成生命的蛋白质不致因低温而结冻和因高温而凝固。

二氧化碳等温室气体可以透过太阳的可见光波的辐射，使陆地、海洋被加热；而地球表面发出的长波红外辐射大部被温室气体吸收，使热量不易散失到太空去，不使地表温度降得太低。正如前文所说，如果没有二氧化碳，地球的平均气温将不是现在的15℃而是-25℃；如果二氧化碳减少1/2，则地球的平均气温会下降2.3℃。当然，二氧化碳太多了也不好，会使气候变暖。

水汽也是地球生命温暖巢的营造者，而且是温度、湿度的调节者。水汽能阻拦地球发散的长波辐射的60%，如果大气中的水分减少1/2，地球温度要下降5℃～6℃。现在地球的平均温度为15℃，如果没有水汽，全球的平均温度就成为9℃～10℃，地球上的生命绝大部分就会被灭绝。更重要的是通过地面水蒸发为水汽，而把能量带到空中，凝结时把热量释放出来。通过水在地面和大气间的移运和相变，随着大气运动把太阳及地球大气的能量进行再分配，对温度起到调节作用。从而为生命创造了适宜的温度条件，保护了生物，保证了生命活动的正常进行。

四、大气物理特征影响生命的状态

(一)气候生态型　受不同大气物理特征的影响，生命状态也发生改变。在不同气候环境下就形成不同的生态类型，即所谓气候生态型。例如，湿热的热带气候条件下就有热带雨林这种树木参天、生物繁多的生态类型；严寒的寒带气候条件下就有以苔原和驯鹿为特征的生态类型；干燥的荒漠气候条件下就有荒漠草地、刺叶植物、荒漠爬虫为特征的生态类型。

生态平衡的改变也可影响小气候状况，导致气候生态的变化。例如，如果热带雨林的树木被砍伐，森林被破坏，就会使湿润的气候改变，出现水土流失、生物减少、某些物种消失，甚至出现荒漠化。

(二)四时物象　大气物理要素温度、湿度、日照等的时间(季节)特征,显著影响生物,使地球生物出现相应的特征或活动。例如,中纬度地区,春季温暖、夏季炎热、秋季凉爽、冬季寒冷,当然日照时间也随着季节作冬短、夏长的变化。在这种气候条件下,生物就表现出相应的四时物象:春季就会出现“游鸭正把醒鱼骚”和“摇曳醉岸柳,拥推醒山花”以及迎春花绽放、雁北飞等的景象;夏季就会出现“满眼碧绿”、“万物争荣”以及荷花绽放、木槿花开的景象。秋季就会出现“一叶(落)知秋”、“蛩鸣促寒衣”以及“月圆果丰黄花(菊花)瘦,金风红叶忆故人”的景象;冬季则是蛇蛙等蛰伏、阔叶树木凋零,但是仍有“犹有花(梅)枝俏”和“雪下识忍冬”的景象。

我国人民自古以来就对气候和生物的表象注意观察、有所认识,根据冬、春期间各种花开的顺序和气候的关系排列出“二十四番花信风”,并经北魏贾思勰、明代徐光启和李时珍等人采访搜集、分析研究而流传下来。在宋朝《演繁露》中就记载了从小寒起到谷雨止,共四个月八个节气二十四候,每候与一花相对应,即“二十四番花信风”。

小寒的第一候梅花,第二候山茶,第三候水仙;大寒的第一候瑞香,第二候兰花,第三候山矾;立春的第一候迎春,第二候樱桃,第三候望春;雨水的第一候菜花,第二候杏花,第三候李花;惊蛰的第一候桃花,第二候棠梨,第三候蔷薇;春分的第一候海棠,第二候梨花,第三候木兰;清明的第一候桐花,第二候麦花,第三候柳花;谷雨的第一候牡丹,第二候荼蘼,第三候楝花。

五、生命对大气的反馈

生命和大气的关系是相互的,生命对大气的反馈是多方面的。

(一)氧的制造者 绿色植物是氧气的制造者。现代大气中的氧气主要是绿色植物通过光合作用制造的。绿色植物的叶绿素利用阳光把水和二氧化碳转化为碳水化合物并放出氧气,氧气的出现又大大改变和调整了大气的构成。从前面关于氧气的演化和大气的形成已充分说明了这一点。绿色植物在制造氧气的同时还吸收二氧化碳，所以植树造林、扩大绿色植物覆盖面积，既可改善气候、保护环境，又可抑制二氧化碳的增加，并减弱其温室效应。

（二）环境的保护者 绿色植物还是环境的保护者，是保护大气、维护自然和利用自然的功臣。绿色植物可吸收大量二氧化碳，放出氧气；植被的覆盖可减少水土流失、减少扬沙，使大气中尘埃减少，大大改善大气环境；树木可以防风，有截留尘埃和其他颗粒物的作用；许多植物还有吸附有害气体的作用。所以，大量种植绿色植物可以净化空气。

（三）气候的调节者 植物对气候有调节作用是肯定的。人们都体会到夏日林区比城市凉爽、湿润。有研究表明，森林对太阳辐射反射最少，仅6%～12%；森林可增加20%左右的降水；森林对大气水分的贡献为同面积水面的1.5倍以上。森林的削风作用很好，大风入林200米则被削弱到只有原风速的2%～3%。森林还可通过光合作用吸收大量二氧化碳，并向大气中放出氧气。因为森林特别是热带雨林的良好作用，所以热带雨林被称为大气之肺。过去西双版纳森林面积很大，森林中每年仅飞露就有70～80毫米；而到20世纪70—80年代，由于森林面积减少，1979年还出现了从未出现过的冰雹。

第四节 人类活动与大气变化

自从欧洲工业革命百多年来，欧美等发达国家不断向大气中排放二氧化碳等废气、废水和工业废料，使大气和环境造成严重污染，对农业和生物也有很大影响。

一、从天气事件说起

（一）烟雾甚于毒 1930年12月，一股浓浓的烟雾袭击了比利时的默兹山谷，致使60名农民中毒身亡。

1948年10月，烟雾笼罩美国宾夕法尼亚州的多诺拉市。多诺拉市位于山谷之中，又正好在该市上空出现了持续5天之久的逆温层（与对流层内温度垂直分布相反，是一个下部温度低上部温度高的层次），从钢铁、硫酸、制锌等工厂排放出的有害气体积累在山谷中扩散不开，空气变得十分浑浊，而且带有二氧化硫的刺激性气味，造成全市1/2的人病倒、20人死亡的悲剧。

（二）伦敦烟雾事件 1952年12月在英国首都伦敦发生了举世闻名的伦敦烟雾事件。当时，伦敦连日大雾、无风，各工厂排放的煤烟、粉尘、二氧化硫气体等扩散不开；而且家家户户都用煤火煮饭、取暖。使得伦敦市黑烟、废气越积越多；再加上天气阴冷潮湿，在近地面层上面形成一层暖空气，好像一层罩子把伦敦紧紧罩住。两三天后，人们感到呼吸困难，有的咳嗽、嗓子痛，病人越来越多，全市各医院的病床都挤满了病人。一直持续了5天，有4000多人中毒身亡。而且在以后3个月内又有8000多人丧生。

无独有偶，1956年伦敦又发生了一起烟雾事件，中毒死亡者也达1000余人。

（三）美国毒云 1978年6月的一天，美国肯塔基州的科文顿市，有300多人正在户外游泳池游泳、休闲。忽然，一朵毒云飞来，顿时天空变暗。一会儿，270人相继病倒，眩晕、咳嗽。患者惊慌失措，顾不上更衣便奔赴医院。幸亏抢救及时，没有死人。事后了解，毒云的毒气就是附近某处泄漏的氯气。

二、人类活动对大气的影响

人类活动对大气的影响是显著的，也是多方面的。

（一）大气中颗粒物的增多使天空变成了铅色 蓝天、白云，清新的空气，灿烂的阳光，是大自然的本来面目，天空本应是蓝色的。如果大气是比较洁净的，则由于空气分子对太阳的短波辐射——

蓝紫光散射较多,所以天空呈蓝色。但是,现在很多时候天空变成了铅色。这是因为大气中增加了较多的比分子大得多的颗粒物,这种颗粒物对阳光各波长光线的散射没有选择性,加之对阳光的阻挡作用,所以使天空呈浅灰的铅色。

这些颗粒物包括自然界的扬尘、火山尘、花粉、孢子、盐粒等和人类大量燃烧化石燃料(如工业大量燃烧煤炭、石油等)所产生的大量烟尘、工业粉尘;人类对绿色植被的破坏也使扬尘增加;我国北方的冬天,许多家庭生火炉取暖、煮饭,更增加了烟尘的排放量。

烟尘中的颗粒物悬浮于大气中,对呼吸不利,有的还有毒,对动植物和人有害。

(二)人类活动污染了大气使酸雨增加　细心的人会注意到,有时雨水有酸味;有人会发现有的本来很牢固的石头建筑,近年来也有些剥蚀损坏。这都是酸雨所致。

酸雨的成因亦是由于人类活动,特别是欧美工业革命后,人类向大气中排放各种酸性气体和酸性物质造成的。百年来,大气中的二氧化硫、二氧化碳、二氧化氮和盐粒及酸性尘埃等不断增加。大家知道,二氧化硫和水结合可以成为硫酸,二氧化碳和水结合可以成为碳酸,二氧化氮和水结合可以成为硝酸;还有些盐粒及酸性尘埃等。这些物质都可作为水汽凝结的凝结核而成云致雨。在这些酸性物质含量较多时,则使一些地区的降水有时呈酸性。当降水的 pH 值 <5.6 时则是酸性降水,pH 值越小酸性越强,这种雨就是酸雨。我国已有不少地区降酸雨,欧洲有的地区的酸雨 pH 值曾达 2.1,美国酸雨 pH 值平均曾达 4～4.4。

人类活动对大气的污染,使酸雨增加。酸雨会破坏生态,影响植物生长,危害农作物;使水生生物生活受影响,甚至死亡;酸雨可使土壤中有害金属元素溶出而污染地下水,影响人和生物的健康。被酸雨淋过的物品寿命缩短、易被损坏,还腐蚀建筑物等。

在欧洲山区发现雪水中污染物比雨水多 3 倍,酸雾的酸度是当地酸雨酸度的10倍。

(三)黑风与白夜 沙尘暴发作时狂风怒吼、飞沙走石、天昏地暗,使白天如同黑夜,人们又把它叫做黑风。黑风是一种气象灾害。有些城市因为沙尘暴而出现过像黑夜似的白天,就连可与"天堂"媲美的杭州,前些年也曾出现过"白夜"。

当今世界黑风白夜增多与人类砍伐树木、破坏植被不无关系。

(四)城市瘴气 瘴气是瘴疠之气,是对人和生物非常有害的气体。它出现在城市是因为城市里有大量汽车行驶所排放的汽车尾气。汽车尾气中含有许多对人体有害的成分,如硫化物等,不仅怪味呛人,还会使人眼睛疼;烟雾中的氮化合物会形成致癌物质亚硝胺;许多汽油含铅,含铅的汽车尾气被吸入人体,可造成铅中毒。如果汽油燃烧不完全,则有害物质更多,还产生一氧化碳等。又因为高空臭氧层变薄,紫外线达到地面较多,汽车尾气中的污染物,如碳氢化合物和氮氧化合物,会在过多紫外线作用下通过光化学反应产生含有臭氧等的烟雾。这种烟雾悬浮于近地层空气中,有强烈刺激性,可使呼吸系统受损,出现咽干、头疼,可导致支气管炎,加速肺部肿瘤的发展。这种烟雾还会使农业遭受很大损失。

三、温室"纵火"者

大气构筑了地球温室,使得太阳辐射可以进来,使地球增温;而且能阻挡地球的长波辐射外逸,起保温作用。但是,近百年来的地球大气温度在升高,气候变暖,其变化幅度高于正常变化幅度。据调查,20世纪90年代是千年来最热的10年。

是谁在大气温室里加了一把火?

查验了水汽、二氧化碳、甲烷、氨、硫的氧化物等与温度有关气体的档案及人类活动的有关材料,认为几个有吸收长波辐射本领的成分中,除水汽保持动态平衡不是纵火者外,以二氧化碳、甲烷最可疑,还有氮的氧化物。

经反复查证，目前仍认为罪魁是二氧化碳。二氧化碳能使太阳辐射通过大气达到地球表面，而阻挡地球的长波辐射，尤其是15 微米附近波段的红外辐射的吸收能力很强，起保温作用。现在二氧化碳含量每年在增加。由于人类活动，特别是化石燃料的燃烧排放大量二氧化碳到大气中。由于化石燃料的燃烧和水泥制造每年要放出大约 49 亿吨二氧化碳，海洋可以溶解 25 亿吨二氧化碳，因此每年有大约 25 亿吨二氧化碳不能被及时平衡，而积累于大气中。从 1890 年的 0.0296%，到 1978 年的 0.0332%，20 世纪末二氧化碳的含量为 0.0375%，百多年来全球二氧化碳已经增加了 26.72%。

大气中的二氧化碳含量每增加 10%，气温就相应增高 0.3℃。如果大气中的二氧化碳增加 1 倍，则可能造成全球气温上升1℃～3℃，导致冰雪融化、海平面上升，生态会产生较大变化。

甲烷是仅次于二氧化碳的温室气体，近百年来甲烷含量增加了 145%。据当前的增加量和作用等判断，甲烷算是温室纵火者的帮凶。

分析全部情况后，可见二氧化碳的大量增加，主要是人类自己近百多年来造成的。

四、"天塌"的罪魁

大气层为生物提供生存所必需的物质、环境，保持必要的温度，还是地球生物的保护伞。臭氧等吸收来自太空的 90%以上的紫外线辐射，使地球生物免受过量紫外线的危害。

但是，保护伞漏了，天上出了一个大窟窿！

臭氧在大气中的含量本来就不多，夏季不超过 0.00000007，冬季不超过 0.00000002；大气中臭氧总累积厚度只有 0.15～0.45 厘米，主要分布在 10～50 千米的高空上，尤其是 20～30 千米的高空范围内臭氧浓度最大，被称为臭氧层。由于工业使用的一些物质对臭氧有破坏作用，使这个臭氧层变薄，在南极附近出现了空洞。据20世纪70—80年代的探测，1969—1986年，北半球北纬64°地区上空(臭氧浓度较高处)平均每年减少现有数量的1.7%～3%。1987年南极臭氧洞范围已接近整个南极大陆，到1998年12月南极上空的臭氧空洞面积达2 720万平方千米。北极也出现空洞。我国西藏高原上空臭氧也比周围明显偏少。破坏臭氧的物质主要是各类制冷机使用的氟里昂等，以及一些工业使用的氯化物特别是氯氟化碳(氟里昂)、溴化物、氮的氧化物(如一氧化二氮)、氟氯烃等厉害角色的出现等。通过对流把它们输送到臭氧层附近，而起到破坏臭氧的作用。这些破坏臭氧的物质的量虽不很大，却是个一顶万的角色，是长寿的消耗臭氧的物质，其破坏能力极强。据测定，一个氯原子可以破坏成千上万的臭氧分子。至20世纪90年代末这类消耗臭氧的化学物质在大气中已有2 000万吨。

大气臭氧层的臭氧，低层20千米以下是闪电和有机物氧化也包括光合作用的极微量产物，通过对流向上输送的；30千米以上主要是光化学反应形成的。臭氧层是经过上亿年的积累、平衡而达成的。但是破坏起来，仅百多年就被捅了个2 700多万平方千米的大窟窿。

天塌了一大块，谁是罪魁？是氟里昂，是氯化物、溴化物、氮的氧化物等，说到底还是制造它们的人类自己。

第五节　气候变化与农业生产

一、人类活动对气候变化的影响

目前，地球气候变暖已是不争的事实。20世纪初北半球回暖，北极圈30年代7月份平均气温10年平均上升了3℃；我国20

世纪10—30年代沿海平均气温上升了1℃，50年代天山雪线上升了40～50米。

部分专家分析19世纪以来的地面温度记录，认为由于大气中二氧化碳等温室气体的含量增加了30%，过去100年地球平均气温升高了1个华氏度。

马拉基领导的研究小组对1950年以来有关地中海水温资料进行研究后发现，8月份的水温由当时的25℃提高到了1997年的32℃～34℃，全年平均水温由15℃提高到了17.5℃。

世界上的冰川正在融化，欧洲阿尔卑斯山的冰川自1850年以来已经消失了1/2。

(一)正确认识气候变暖问题　当前全球气候变暖正在引起人们的关注，可又常常是有的年份非常寒冷，甚至有的地方并没变暖而是变冷了。正确看待和认识这类问题是十分必要的。现在讲的全球变暖不是与地质时期或历史时期相比较，而是与现代几十年或上百年的气候相比较而言。对短时间尺度而言，比较容易看到的是气候围绕着平均状况做上下振动的变化，地球上各地的热量交换在一个时期可能是不均衡的。在地域范围上气候变化也不尽相同，甚至会出现相反的变化。全球的气候异常应该是大范围因素作用的结果。地质时期以2万～4万年为周期变动，其温度变化率一般小于0.01℃/10年，而近代由于二氧化碳浓度增加造成的温室效应的作用，其变化率为0.3℃/10年，前后两个变化率相差30倍，所以气候的长期自然变化相对显得微不足道。

(二)引起气候变化的原因　其原因是多方面的，一般分为自然原因和人为原因。

1. 自然原因　气候学家认为气候变化存在长时期变化和突然变化。中国气候的冷暖变化也多次出现过世纪性突变。近百年来，除了人们普遍知道的20世纪20年代和80年代的2次全球性迅速增温外，60年代中期北半球的夏季气候也出现了突变，形成了亚非干旱带。

太阳黑子变化影响气候。太阳黑子是黑色的气体斑点，气候学家巴特勒说，不是太阳黑子的数目而是太阳黑子周期的长度影响地球表面的气温。他们发现，太阳黑子周期越短太阳活动越强烈，因而从太阳释放出的能量也就越大，地球表面气温就越高。

2. *人为原因* 人类活动影响气候变化的途径不外乎以下3种：一是人为改变下垫面性质，如破坏原生的植被使反射率、粗糙度等发生变化；二是人为改变某些大气成分，如二氧化碳浓度的增加等；三是人为热的释放，人类消耗的各种能源使大气增暖。

在现阶段，人类活动改变下垫面性质而影响气候变化较为明显。我们可以清楚地看到，人类活动使局地气候恶化给人民的生命财产带来的巨大损失。如森林砍伐、盲目垦荒、过量放牧、土地的不合理使用，以及由于工业化引起的大气中的二氧化碳和其他微量气体浓度的增加等。从世界工业革命近200年来，尤其是20世纪以来，由于世界人口的剧增、先进科学技术的迅速发展、矿物燃料的燃烧及经济建设和生产规模的扩大，现在人类活动对气候变化的影响已经可以与自然因子的作用相当。

二、气候变化与农业

近百年来全球二氧化碳增加了近30%，其中人为因素的排放占25%；甲烷增加了145%。在各因素的作用下全球气温升高了0.6℃～0.7℃。据美国、英国和世界气象组织1999年12月公布的数据表明，20世纪90年代是千年来最热的10年，1976年以来全球气温平均每10年升高0.2℃。这一变化速度，与科学家们以人类活动影响为基础而得出的预测值相符。

由于大气中二氧化碳等温室气体的增加等因素导致的气候变暖，有害气体及消耗臭氧的物质的增加导致的臭氧层的破坏，从而造成很多不良后果。

(一)部分物种灭绝　近百年来已有许多物种灭绝,还有许多原来较兴旺的物种现在也成为稀有生物,濒临灭绝。

(二)地球生态系统恶化　地球之肺——热带雨林受到损毁,亚马孙河流域由于大片森林被砍伐而使反射率增加,可导致降水减少20%;科罗拉多岛154种树木有1/2不能正常开花,导致动物饥荒,犰狳、喉猴、树獭、豪猪等大量死亡;马来西亚不少龙脑香料树不断枯顶死亡。降水和温度的变化使落叶林不能正常落叶,而导致长吻浣熊死亡。我国海南由于森林面积减少导致夏季对流性降水增加;西双版纳的望天树由于森林被砍伐,面积在缩小,长势衰退;由于森林面积缩小,而出现了过去没有的暴雨和冰雹。

原有植被被破坏导致原生态平衡的破坏,沙漠和荒漠化土地面积扩大;气候的变化和气候带发生改变,而动植物系统不能适应,导致原有生态系统受到破坏,而新生态系统却很难很快建立。按目前变化进程,到2050年森林覆盖率将从58%减少到49%,沙漠从21%增加到24%,苔原从3%减少到零。

(三)气候变暖可使农业减产　气候变暖对农业有利有弊。气候变暖使有些地区植物生长期延长,植物生长旺盛。2001年美国《地球物理》载文,在过去的21年里北半球一些地区更绿了。1981年以来,北纬40°一带(纽约—马德里—北京)植物生长活跃,生长时间比以前长,植被密度明显增加。欧亚大陆生长期延长18天,春季提早1周,秋季推迟10天。但是总的来讲气候变暖是弊大于利。其弊主要有以下几个方面:①气候变暖可使农作物病虫害明显增加。②过多的紫外线会抑制植物生长。③气候变化和植被改变致使农业生态发生改变,原有的农业生态不能适应,而新的农业生态还没建立,就可能造成农业减产。④气候变暖还会造成水资源短缺。现在世界上冰川在缩短,导致河流水量的季节分配及发电、农业用水都会受到影响;气候变暖使一些地区降水减少。若按照目前情况计算到2030年京津塘地区缺水1.5亿～14亿立方米。⑤气候变暖使冰雪融化会使海平面上升，发展下去，可能会有大批农田被海水淹没。

总之，气候变化和大气有害气体增加是对人类提出了严重的警告，拯救行动迫在眉睫。

第六节　拯救大气

一、地球人在行动

近几十年以来，人类开始认识到大气变态，特别是人类活动造成大气变态导致气候变暖和臭氧层的破坏所产生的危险后果。从科学家到政府要员都开始研究、协商如何防止和减缓气候变暖，如何保护臭氧层。

世界气象组织和各国政府开会商洽订立气候公约，限定二氧化碳等温室气体的排放量，以减缓气候变暖的进程。因为20世纪70年代以来人们发现能够大量吸收紫外线的臭氧层被氟里昂等消耗臭氧的物质破坏，1985年10月南极臭氧减少了50%，1987年臭氧洞几乎有南极洲那么大，所以1987年世界各国在加拿大蒙特利尔订立了《蒙特利尔议定书》，意在保护大气的臭氧层。

世界气候公约和国家气候蓝皮书都告诉人们，为不使大气二氧化碳增加导致气候变暖，而应限制向大气中排放二氧化碳的数量。

限制向大气中排放二氧化碳的数量当然是应该的，但是百年来大气中二氧化碳（包括有害气体）的增加主要是发达国家多年排放积累的，发展中国家的比例很小，所以，发达国家应当向发展中国家提供“减排”方面的经济帮助，并且毫无保留地把减少排放二氧化碳的技术提供给发展中国家。要求各国都要限制使用消耗臭氧的物质也是对的，但是这些已有的消耗臭氧的物质也是多年来那些发达国家造成的，所以限制使用消耗臭氧的物质的技术及替代品，也应该无偿向发展中国家提供。2009 年在哥本哈根召开的关于气候变化和限制排碳的会议提出了减排二氧化碳的要求。

总之，保护地球大气是人类共同的责任，特别是发达国家对多年来大气二氧化碳的增加和对消耗臭氧的物质的多年使用的积累负有更大的责任。所以，在人类共同保护大气的今天，发达国家应向发展中国家提供这方面的经济帮助，而且关于这方面的所有技术和替代品都应当全球共享、共用。

当然，《蒙特利尔议定书》还算不上“现代女娲”的宣言书，因为当时对一些因素还考虑不足，但是还是反映了有关国家政府对臭氧的关心，并采取行动去保护。当时主要考虑消耗臭氧的是氟里昂等，而对含氯、含氮（如一氧化二氮）的化合物这些附加因素和溴化物等没有充分考虑，所以即便马上全球停止使用氟里昂等，到 2060 年臭氧层也难恢复。要想使臭氧恢复和接近正常状态，必须停用所有各种含氟、氯、氮、溴等的化合物，并慎用替代品。还要全世界行动起来，先进技术共享、共用。

地球人在受到大自然的惩罚后已开始了保护大自然的行动，如 20 世纪 50 年代英国颁布“清洁空气法令”；20 世纪 60 年代初美国洛杉矶市颁布“清洁空气法令”；1959 年香港地区也颁布“清洁空气法令”。

为了掌握空气污染情况，许多国家建立了空气污染监测站。例如英国建立了约 1 500 个空气污染监测站，我国建立了大气本底监测站和大气成分观测站。

我国和世界许多国家都开始了控制污染源的工作。我国还制订了《气象法》、《环境保护法》等。

二、“炼石补天”须从脚下做起

最近一二百年的经验教训，使人类开始明白人与自然的关系不应当是“我主宰自然”，更不应当是“掠夺自然”；而是人与自然相协调，人是大自然的成员，与大自然是一个整体。人类要生存和发展就必须调整人与自然的关系，发展农业就要保护大自然、顺应大自然、适应大自然、利用大自然。应对气候变化、保护大气和环境，是人类共同的责任。气候变化更多的是多年来发达国家排放二氧化碳积累而造成的。所以“减排”和“保护大气与环境”的技术应人类共享、共用。发达国家应当给于发展中国家以经济和技术的帮助。

气候变暖，有前面说过的各种因素，有人为的二氧化碳增加，也有森林面积缩小减少了对二氧化碳的吸收。所以限制排放（补天）是一个方面，保护和增加森林面积（补地）是又一个方面。

森林是保护大气、维护自然和利用自然的功臣。森林等植物的光合作用既能吸收大量二氧化碳又释放出氧气；森林对太阳辐射利用率高，而反射最少，反射率仅为 6%～12%；森林能增加10%～20%的降水；森林有改良气候的作用；森林等植物的蒸腾是生命活动，森林对大气水分的贡献是同面积水面的 1.5 倍以上；森林的削风作用很好，大风入林 200 米则被削弱到原风速的 2%。所以保护森林、种树种草“补地”与“补天”同样重要。

据《地球环境报》报道，海洋浮游生物可吸收全球 1/3 的二氧化碳，预计到 21 世纪末可吸收 20 亿吨二氧化碳。为发挥海洋的作用，还可以施入一些铁，使海洋吸收二氧化碳的能力更加提升。

拯救大气就要停止排放或限期达到对人和生物不造成危害的排放标准。

再就是种树种草绿化大地，发挥绿色植物净化空气的作用。

修补臭氧层出现的空洞。减少乃至停用地面上工业用的消耗臭氧的物质是保护臭氧层的关键。

森林等植被在进行光合作用放出氧气的同时也有少量臭氧产生，而且植物有净化空气的作用，可以吸收有害气体和捕捉颗粒物。所以，绿化非常重要。

拯救大气，保护大自然，也是保护人类自己，是保护子孙后代的积德之举。所以要高呼，在“补天”的同时更要“补地”，为大地培植更多的绿色。

三、拯救大气新方法

（一）微波保护臭氧层　据新华社莫斯科 1997 年 8 月 14 日电，俄罗斯科学家已研究出修复与保护地球臭氧层的新方法。俄罗斯科学院普通物理所实验室主任科索伊说，该所研究出的方法是用强微波束激励对流层放电，并清除破坏臭氧层的污染物。下诺夫哥罗德市应用物理所研究出的是用微波来刺激平流层，促使臭氧的产生，以补充臭氧层臭氧的不足。

据科索伊说，新方法耗能不大，并且比较经济。目前，试验还在实验室中进行，以后将要到大气层去进行实地试用。

（二）制止全球变暖向海水中加铁　1995 年，英美海洋地理学家在大溪地和盖拉帕果群岛之间的海洋中施放了 1 吨硫酸亚铁，大大地促进了海藻的生长。而海藻在生长过程中会大量吸收碳元素，并因此吸收空气中的二氧化碳，也许能利用这一结果来制止全球变暖。

科学家们早就推测铁对海洋的作用尤如氮对陆地的作用一样，都具有增加植物生长的作用。海藻生长有赖于来自陆地的铁，但海洋中的铁远远低于海藻生长的需要。通常海洋中的铁主要来自尘土，但许多远离陆地的海洋无法得到铁的补充。按照理论，1 吨铁能结合海水中的 10 万吨碳，进而吸收空气中的大量二氧化碳。海水加铁制止全球变暖的意义最终取决于海洋浮游生物。碳如果能够被沉积到海底并消失在沉积物中的话，就能实现减少空气中二氧化碳的实验目标。

（三）用激光改造气候　据《日经产业新闻》报道，日本的日近公司 1994 年设想运用激光改造气候。该设想拟在宇宙空间发射 4 颗人造卫星,在卫星间相互发激光,形成激光网。激光网遮挡、折射太阳光红外线,使海面温度发生变化,影响云、水汽,从而改造气候。

这种设想还有助于沙漠地区降水、促使植物生长、吸收二氧化碳、改善地球环境。

第七节　补遗:大气和气候变化的其他因素

一、引起气候变化的大气圈以外的因素

世界气候变暖有自然因素和人为因素。为了让人们对大气和气候变化有一个更全面的认识,这里也提及一些其他因素。

正如气象学界公认的,大气本身的"记忆力"只有半个月左右,这意味着半个月以上的气候变化必然有大气圈以外的因素起作用。因此,地球内部或者大气圈以外的变化是气候变化的根本原因之一。

(一)地球内部因素　据 1994 年 7 月 30 日《科技日报》报道,气象学家做天气预报以前往往是看天,现在有人提出也应该往地下看。一种在 20 年前为我国科学家首创的用地温做长期天气预报的方法,经过长期实践被认为是行之有效的。"气候变化地心说"自 20 世纪 90 年代提出以来,得到国内外赞誉。这里说的不是地质年代的变化,而是季度、年度、几年、几十年的变化。

专家们认为,5 000 万年以来,印度板块慢慢地向亚洲板块靠拢,两板块冲撞的结果形成了世界上最高的喜马拉雅山脉,使岩石中成千上万吨的二氧化碳上升到大气层中。所以 5 200 万～3 800

万年前这段时期地球很暖，蕨类植物生长得很高大，鳄类和热带植物在南北半球较高纬度都能存活。另外，温泉和冻土融化也增加了二氧化碳。

(二)大气圈以外的因素　1990年，哥伦比亚和比利时的3位科学家发现天文方面的一些变化可能对地球气候起决定性影响。他们根据化石花粉的资料、古代海平面的变化和沉积物中同位素比率，推断出地球的气候史，并将气候史与3个天文变化做了比较。这3个变量是地球自转轴对黄道面的倾角、地球近日点的黄经和轨道的偏心率，三者都在周期性地变化着。因此可能引起地球寒冷期(冰期)和温暖期(间冰期)的交替出现。

二、气候变暖极地冰厚增加

(一)南极洲冰厚增加　20世纪90年代初，美国、日本和澳大利亚的科学家同时发现，南极洲东部冰块正越来越厚，这与许多科学家的预计正好相反。澳大利亚的科学家曾测量威尔克斯地内陆60～80千米的地方的冰层，发现自1960年开始，那里堆积的冰块日渐增加，20世纪90年代初的增幅比1806年以来的平均厚度增加了20%。

极地的冰厚增加，全球的水位便会渐渐下降。这也与“人们对‘全球气候变暖’的年代海平面将因冰雪融化而上升、导致许多陆地和岛屿被淹没”的预计正好相反。

(二)格陵兰岛冰的厚度每年增加23厘米　20世纪90年代初，据英国科学杂志《新科学家》报道，美国航空宇宙局宇宙飞行中心的科学家利用人造卫星观测的结果表明，格陵兰岛的冰的厚度自1970年底以后每年增加23厘米。这在“全球气候变暖”的年代，被人们看作怪事。

据外电报道(《中国气象报》最近也报道)，2010年春季北极的极冰明显增加。

（三）极地冰厚增加不足为怪 因为极地的气温终年都在0℃以下许多摄氏度，这可能是因为极地温度很低，即便全球气候变暖，而气候变暖可使大气容纳更多的水汽，温暖地区的海洋和水体要蒸发更多的水分到大气中；极地温度则远在0℃以下几十度，温暖气候地区变暖所增加的水汽，会在极地等寒冷地区凝结成为冰雪的缘故。《新科学家》杂志也认为，由于海洋温度上升，造成海面上产生的水蒸气大量增加；在极地，因天气寒冷远在冰点以下，水汽形成雪使雪量增加，所以冰的厚度也随之增加。

这样的结果，看来气候变暖也许会使地球冰面积缩小，但是极地冰厚则在增加，海平面不会像有些人预料的那样升高。

后　记

当我即将写完这本书的时候，心里总觉得有些意犹未尽，还觉得有些地方应当更丰富。该书的土、肥、水、种、密、保、工、管、光、气等10个主要部分在篇幅上不太平衡。事实各部分本身各自的内涵的丰欠程度本来就不同，记得当初确定“农业八字宪法”时就对“密”字有些分歧，“工”字主要是强调机械化。又因该书的属性和篇幅关系，所以有的章节短一些、有的长一些，而且有的部分还未能更好地展开，还可更全一些。

曾有过一个想法，拟在第十章介绍一下关于农业和气象关系的专业学科“农业气象学”，但是考虑到一方面是篇幅所限很难介绍，更不可能详尽；另一方面是本书的题目的主要内容是气象与农业生产基本要素的关系和减灾，没有必要全面介绍“农业气象学”，结合当前大气变化相对多说几句，能够说明“气”就可以了。再就是气象灾害较多，所以“保农减灾”这一章的字数也相对多一些，也符合气象与农业的实际。

笔　者

2009年8月初稿，2010年5月改写